历史文化名城与历史街区交通规划研究与实践

阮金梅　彭　敏　张　鑫　编著

中国建筑工业出版社

图书在版编目（CIP）数据

历史文化名城与历史街区交通规划研究与实践 / 阮金梅，彭敏，张鑫编著. — 北京：中国建筑工业出版社，2015.1

ISBN 978-7-112-17250-4

Ⅰ.①历… Ⅱ.①阮…②彭…③张… Ⅲ.①文化名城—城市规划—交通规划—研究 Ⅳ.①TU984.191

中国版本图书馆CIP数据核字（2014）第211469号

人类历史长河中，涌现了众多历史悠久、独具特色的历史文化名城。而随着社会经济的不断进步，城市化及机动化的发展使得历史文化名城的保护遭遇一系列的问题，如何协调处理好保护与发展的关系是值得深入研究的问题。本书主要介绍历史文化名城与历史街区的交通规划，内容包括历史文化名城与历史街区交通发展存在的问题、不同视角下对保护与发展的看法、历史文化名城与历史街区交通规划理念以及基于可持续发展的历史文化名城与历史街区规划实践。

本书可供城市规划、交通规划以及交通设计人员参考。

责任编辑：李玲洁 田启铭
责任设计：张 虹
责任校对：李欣慰 党 蕾

历史文化名城与历史街区交通规划研究与实践
阮金梅 彭 敏 张 鑫 编著
*
中国建筑工业出版社出版、发行（北京西郊百万庄）
各地新华书店、建筑书店经销
北京京点图文设计有限公司制版
北京盛通印刷股份有限公司印刷
*
开本：787×1092 毫米 1/16 印张：13½ 字数：200 千字
2015 年1月第一版 2015 年1月第一次印刷
定价：45.00元
ISBN 978-7-112-17250-4
(26013)

前　言

城市特色是城市的魅力所在，由于历史传统、自然环境、人文景观和地理条件不同，每个城市都会有自己鲜明的特点和优势，一个城市拥有历史文化遗产的数量及保护实效已成为衡量全球城市竞争力的重要指标。而随着城市化进程及机动化的发展，古城的历史传统风貌随着城市的扩张过程逐渐消失于现代都市风格之中，不断进行的改造建设工程，诸如危旧房改造、道路的拓宽建设等在一定程度上破坏了历史文化名城的保护。如何协调处理好保护与发展的关系一直是研究的热点。

历史文化名城与街区的交通规划不应是简单地强调交通基础设施的建设，思路应逐步转变为整合交通资源、发挥交通系统最大效益，更多地关注交通的人本主义，交通发展与文化保护的协调发展、关注规划的实施与高效的管理策略。

本书分为三大篇章，分别为思考篇、理念篇、实践篇。思考篇的内容是在对国内外历史文化名城与街区交通发展现状研究的基础上，结合不同群体对保护与发展的看法，对当前形势下历史文化名城与街区的交通进行思考；理念篇对目前历史文化名城与街区交通规划中应用较多的理念进行解析与案例分析，包括协调发展、以人为本、绿色低碳、精细交通等规划理念；实践篇主要以北京为例，从道路系统规划、公共交通系统规划、停车系统规划、步行与自行车系统规划、旅游交通规划、交通管理规划以及规划实施保障等方面进行研究与分析。

由于作者学识水平有限，书中难免存在不足之处，殷切希望广大读者批评指正。

目　录

上篇　思考篇

中篇　理念篇

下篇　实践篇

第1章　历史文化名城与历史街区概述

1.1　认识历史文化名城与历史街区

1.1.1　中国历史文化名城简介

我国是一个历史悠久的文明古国，许多历史文化名城是我国古代政治、经济、文化的中心，保存了大量历史文物与革命文物，体现了中华民族的悠久历史、光荣的革命传统与光辉灿烂的文化。国家历史文化名城由中华人民共和国国务院确定并公布，是1982年根据北京大学侯仁之、建设部郑孝燮和故宫博物院单士元三位先生提议而建立的一种文物保护机制。

在我国，历史文化名城（Historic City）是指经国务院批准公布的保存文物特别丰富并且具有重大历史价值或者革命纪念意义的城市。目前我国国务院已经审批的历史文化名城共有118个，按照各个城市的特点主要分为七类。

古都型——以都城时代的历史遗存物、古都的风貌为特点，如西安、洛阳、南京、北京等；

传统风貌型——保留一个或几个历史时期积淀的有完整建筑群的城市，如平遥、韩城；

风景名胜型——由建筑与山水环境的叠加而显示出鲜明个性特征的城市，如桂林、苏州；

地方及民族特色型——由地域特色或独自的个性特征、民族风情、地方文化构成城市风貌主体的城市，如丽江、拉萨；

近现代史迹型——反映历史上某一事件或某个阶段的建筑物或建筑群为其显著特色的城市，如上海、徐州、遵义；

特殊职能型——城市中的某种职能在历史上占有极突出的地位，如“盐城”自贡、“瓷都”景德镇；

一般史迹型——以分散在全城各处的文物古迹为历史传统体现主要方式的城市，如长沙、济南。

我国著名的历史文化名城主要包括西安、北京、南京、开封、洛阳、安阳、杭州、郑州等城市。其中，西安、北京、南京和洛阳并称为中国四大古都。

西安——古称长安，中国四大古都之首，与意大利的罗马，希腊的雅典、埃及的开罗并称为“世界四大古都”。历史上先后有13个王朝在西安建都，是中国历史上建都朝代最多、时间最长、影响力最大的都城，是连接中西方的古老丝绸之路的东方起点。西安隋唐长安城的建设，自隋文帝开皇二年（公元582年）开始，至唐高宗永徽五年（公元654年）基本就绪，历时72年。城市面积84.1km^2，布局规划整齐，东西严格对称，分为宫城、皇城和外廓城三大部分。城市结构布局充分体现了封建社会巅峰时期的宏大气魄，在中国建筑史、城市史上具有划时代影响。

北京——具有3000多年的建城史、850余年的建都史。春秋战国时期分别是西周王朝北方诸侯蓟国与燕国的统治中心。历史的北京曾为辽的陪都、金国的首都。公元1267年，蒙古族忽必烈定都北京，北京成为意大利旅行家马可•波罗在游记中称之为“世界莫能与比”的蒙古帝国汗国之一的元汗国的大都。从此，北京取代了长安、洛阳、汴梁等古都的地位，成为中国的政治中心，并延续到明、清两代，一直是中国的政治经济文化中心。北京旧城[①] 迄今仍然保持着较为完整的传统风貌与格局，拥有众多的文物古迹和丰富的传统文化，集中展现了北京的传统风貌，北京1951年航空遥感影像图见图1-1。

南京——历史悠久，有着超过2500余年的建城史和近500年的建都史，有“六朝古都”、“十朝都会”之称。南京古称金陵，江南佳丽地，金陵帝王洲，襟江带河，依山傍水，钟山龙蟠，石头虎踞，山川秀美，古迹众多。

---

① “北京旧城”是指二环路以内的区域，面积约62.5km^2。

洛阳——华夏第一王都，先后有夏、商、东周、东汉等13个王朝在此建都，城市史4000多年，建都史850多年，在中国八大古都中建都较早、朝代较多的城市。道学创始于此，儒学兴盛于此，佛学首传与此，理学光大以此。“河图洛书”被誉为华夏文明之源，古代许多重大科技、教育、文化成就都与洛阳有不解之缘。

图1-1　北京1951年航空遥感影像图

开封——古称东京、汴京（亦有大梁、汴梁之称），简称汴，有“十朝古都”、“七朝都会”之称。开封是清明上河图的原创地，有“东京梦华”之美誉。开封的仿古建筑群风格鲜明多样，宋、元、明、清、民初各个时期特色齐备，新建的宋都御街古朴典雅，再现了北宋京城的风貌。开封是世界上唯一一座城市中轴线从未变动的都城，城摞城遗址在世界考古史和都城史上是绝无仅有的。

我国历史文化名城中还存在着大量中小规模历史古城，城市的发展以内部自发调节为主要的发展动力，体现出规制完整或自然协调的城市形态。

如被联合国教科文组织世界遗产委员会列入世界遗产清单的云南丽江古城，古城的城市形态发展因地制宜，体现出城市与自然和谐之美。丽江古城面积约3.8km^2，现自居民约5万余人，由于地处少数民族地区，丽江古城并未受“方九里，旁三门，国中九经九纬，经涂九轨”的中原城市的建制思想影响，城中无规矩的道路网，无森严的城墙，古城布局体现了“三山为屏，一川相连”的规划思想，利用河流水系形成三河穿城，家家流泉的独特风貌，街道规划采用经络交织的方式，体现了古城曲、幽、窄、达的风格，城内的明清时期建造的石拱桥，许多仍保存基本完好。丽江古城的城市发展策略受到周围群山自然地理因素的限制，古城的扩张发展缓慢，保持了适度的城市规模，古城内部轴线以四方街为中心，四条主要街道由此向外放射出去，两侧分布数十条小巷，路面铺以丽江特有的彩花石板，形成丽江古城独有的特色。丽江的点要素遗产中已有 140 个院落传统民居被列为重点保护和一般保护民居。根据与此相关的保护条例和办法，明确了政府和民居产权所有者的义务和责任，保证整旧如旧，保持其原有的浓厚的地方风貌和民族特色[1]。

平遥古城被联合国教科文组织世界遗产委员会列入世界遗产清单。平遥古城面积约 2.25km^2，居住人口约 6 万，保存了明清时期中国传统城市风貌特征，是一幅体现中国历史传统文化、展示社会、经济及宗教发展的完整画卷。平遥古城按照中国传统礼制思想规划建设，城内街市至今保持着明清时代的格局，城墙、街巷、店铺、民居和寺庙等古城建筑及其构成的古城空间展现出深厚的文化底蕴和浓郁的地方特色。古城内部以南大街为城市主轴，按中国古代传统城市规制，东文庙、西武庙，东城隍庙、西县衙在中轴两旁有规律地对称分布，市楼居于中央，辅之以北大街、东西大街、城隍街、衙门街等城市主要商业街作为主要轴线要素。城市的主轴线分别与四个城门城墙相连，构成城市的主要交通干道，将城市网络结构划分得错落有致。平遥古城适度的区域规模、清晰的轴线秩序及丰富的文化遗产共同体现了古城文化特色的完整性与丰富性[2]。

1.1.2 国外历史文化名城简介

人类历史长河中，涌现了众多历史悠久、独具特色的历史文化名城。意大利的罗马、希腊的雅典、埃及的开罗与中国的西安并称为“世界四大古都”。

罗马——为意大利首都，也是国家政治、经济、文化和交通中心，世界著名的历史文化名城，古罗马帝国的发祥地，因建城历史悠久而被昵称为“永恒之城”。其位于意大利半岛中西部，台伯河下游平原地的七座小山丘上，市区面积有 1200 多 km^2。罗马是全世界天主教会的中心，有 700 多座教堂与修道院，7 所天主教大学，市内的梵蒂冈是天主教教宗和教廷的驻地。罗马与佛罗伦萨同为意大利文艺复兴中心，现今仍保存有相当丰富的文艺复兴与巴洛克风貌。1980 年，罗马的历史城区被列为世界文化遗产。

雅典——是世界上最古老的城市之一，有记载的历史就长达 3000 多年。雅典至今仍保留了很多历史遗迹和大量的艺术作品，其中最著名的是雅典卫城的帕提农神庙，是西方文化的象征。

开罗——古埃及人称开罗为“城市之母”,阿拉伯人把开罗叫作“卡海勒”，意为征服者或胜利者。开罗的形成，可追溯到公元前约 3000 年的古王国时期，作为首都，亦有千年以上的历史。中世纪时曾为拜占庭帝国的一个军事要塞。

佛罗伦萨——是一座具有悠久历史的文化名城，位于意大利中部。它既是意大利文艺复兴运动的发源地，也是欧洲文化的发源地，又有“西方雅典”之称，是世界上最丰富的文艺复兴时期艺术品保存地之一。市区仍保持古罗马时期的格局，多为中世纪建筑艺术，全市有 40 多个博物馆和美术馆，意大利绘画精华荟萃于此。

伦敦——是英国的首都和全国最大的港口及欧洲最大的城市，为世界顶级的国际大都市，全球领先的城市。1801 年起，伦敦因其在政治、经济、人文、娱乐、科技发明等领域上的卓越成就，成为全世界最大的都市。伦敦是英国政治中心，也是国际组织总部所在地。伦敦是多元化的大都市，居民来自世界各地，多元化种族、宗教和文化，城市使用的语言超过 300 种。伦敦为世界闻名的旅游胜地，有数量众多的名胜景点与博物馆等。

巴黎——是欧洲大陆上最大的城市，也是世界上最繁华的都市之一，是法国文化、教育事业的中心，也是世界文化名城。 巴黎在自中世纪以来的发展中，一面保留过去的印记，甚至是历史最悠久的某些街道的布局；一面形成了统一的风格，实现了现代化的基础设施建设。其建都已有 1400 多年的历史。

京都——京都府位于日本本州岛中部。地形狭长，南部为京都盆地。古称平安京，由桓武天皇起源于日本本土的设计，但又吸收效仿唐朝洛阳城格局建设。从公元 794 年建都开始到 1868 年的 1000 多年间，一直是日本的首都以及经济、文化中心，被日本人视为“心灵的故乡”。

它又是日本花道、茶道的繁盛之地，被称为“真正的日本”。

1.1.3 历史文化街区简介

在我国，历史文化街区（Historic Conservation Area）是指经省、自治区、直辖市人民政府核定公布应予重点保护的历史地段，其保存文物特别丰富、历史建筑集中成片、能够较完整和真实地体现传统格局和历史风貌，并有一定规模的区域。《文物保护法》中对历史文化街区的界定是：法定保护的区域，学术上叫“历史地段”。

历史文化街区是历史文化名城的有机组成部分，是特殊类型的文化遗产，又是广大民众日常生活的场所。我国不少城市划定了历史文化街区，如北京国子监历史文化街区、北京大栅栏历史文化街区、福州市三坊七巷历史街区、重庆磁器口古镇传统历史文化街区、漳州市历史文化街区、青岛市八大关历史文化街区、无锡市清名桥历史文化街区、哈尔滨市中央大街历史文化街区等众多历史街区。

国际上，1976年联合国教科文组织在内罗毕通过的《内罗毕建议》(即《关于历史地区的保护及其当代作用的建议》)，拓展了保护的内涵，即包括鉴定、防护、保存、修缮和再生，明确指出了保护历史街区的作用和价值：“历史地区是各地人类日常环境的组成部分，它们代表着形成其过去的生动见证，提供了与社会多样化相对应所需的生活背景的多样化，并且基于以上各点，它们获得了自身的价值，又得到了人性的一面”；“历史地区为文化、宗教及社会活动的多样化和财富提供了最确切的见证。”

国外历史街区众多且特色鲜明。如英国伯明翰 Soho House 历史街区、新加坡唐人街（Chinatown）、巴黎马雷区（Le Marais）、首尔北村（Bukchon）等。

1.2 保护与发展

历史文化街区重在保护外观的整体风貌。不但要保护构成历史风貌的文物古迹、历史建筑，还要保存构成整体风貌的所有要素，如道路、街巷、院墙、小桥、溪流、驳岸乃至古树等。历史文化街区是一个成片的地区，有大量居民在其间生活，是活态的文化遗产，有其特有的社区文化，不能只保护那些历史建筑的躯壳，还应该保存它承载的文化，保护非物质形态的内容，保存文化多样性。

初次提出“历史街区”的概念，是1933年8月国际现代建筑学会在雅典通过的《雅典宪章》：“对有历史价值的建筑和街区，均应妥为保存，不可加以破坏”。1987年由国际古迹遗址理事会在华盛顿通过的《保护历史城镇与城区宪章》（又称《华盛顿宪章》）提出“历史城区”（Historic Urban Areas）的概念，并将其定义为：“不论大小，包括城市、镇、历史中心区和居住区，也包括其自然和人造的环境。…… 它们不仅可以作为历史的见证，而且体现了城镇传统文化的价值”。

第二次世界大战后，欧洲的经济恢复发展，城市中开始了大规模的住宅建设，当时普遍的做法是拆掉老城区，盖起新楼房。但是这样做的结果是改善了建筑，却破坏了历史环境。城镇历史联系被割断，特色在消失。人们开始意识到，一个国家、一个民族不能割断历史，而文物古迹、历史地段等正是这些历史文化发展的实物例证。除了保护文物建筑之外，还应保存一些成片的历史街区，保留历史的记忆，保存城镇历史的连续性。

法国于1962年颁布了《马尔罗法》，规定将有价值的历史街区划定为“历史保护区”，制定保护和继续使用的规划，纳入城市规划的管理。法国里昂，1964年被定为国家级的历史保护区，区内有16世纪至19世纪各时期的许多古老建筑和街巷。政府的工作主要是整修住房和改善交通，对20世纪初建造的工人住宅，要求原样整修保存其外表，而在内部加建厨房、卫生间，使居民可以有好的条件继续居住。

日本于1975年修订的《文化财保存法》，增加了保护传统建筑群的内容。保护生态环境只影响到人的肌体，保护历史环境却涉及人的心灵，这是现代化进程中更为重要的内容。20世纪50至60年代的建设高潮中，人们的观念是“拆旧建新”，当时的《文物保存法》只能保护单个的文物，成片的历史街区却无法得到保护。所以市民及学者推动地方政府制定了地方的保护条例，以后又促成了《文物保存法》的修改。法律规定将“传统建筑集中、与周围环境一体形成了历史风貌的地区”划定为“传统建筑群保护地区”。现在日本有国家级的“传统建筑群保护地区”78处。这类地区制定保护整修的计划时，对“传统建筑”要进行原样修整，对非“传统建筑”要进行改建或整饬，对有些严重影响风貌的要改造或拆除重建。

英国在1967年颁布的《城市文明》中提出了保护“有特殊建筑艺术和历史特征”的地区，如建筑群体、户外空间、街道形式以及古树等。保护区的规划面积大小不一，包括古城中心、广场、传统居住区、街道及村庄等。该法令要求城市规划部门在制定保护规划以后，任何个人和部门不能任意拆除保护区内的建筑，如有要求，应事先提出申请，市政当局须在8周内答复，必要时当局可作价收买。区内新建改建项目要事先报送详细方案，其设计风格要符合该地区的风貌特点。法令还规定不鼓励在这类地区搞各种形式的再开发。

我国正式提出历史街区的保护是在1986年，国务院在公布第二批国家历史文化名城的文件中指出：“对文物古迹比较集中，或能完整地体现出某一历史时期传统风貌和民族地方特色的街区、建筑群、小镇村落等也应予以保护，可根据它们的历史、科学、艺术价值，公布为当地各级历史文化保护区”。这是保护历史遗产的重要举措，从此形成了保护文物古迹、保护历史文化街区、保护历史文化名城的分层次的保护体系。《文物保护法》、《城乡规划法》确立了历史文化名城、名镇、名村保护制度，并明确规定由国务院制定保护办法。2005年出台《历史文化名城保护规划规范》GB 50357－2005。2008年开始实施《历史文化名城名镇名村保护条例》。

在国外，不少城市早已认识到历史街区的重要意义，纷纷将其作为一项文化遗产进行保护和再开发，挖掘其多方面的价值，并将之作为推动老城复兴的重要手段。其中一项重要的新功能就是旅游以及与之相关的各种文化活动。美国的第一个国家历史城市公园罗维尔街区就是以旅游为先导实现历史街区复兴的案例。

国内外对历史街区的保护与再开发实践仍处于探索中，随着认识和经验的积累，历史街区保护性开发与设计将走向完善。

第2章　交通发展与城市空间

2.1　交通工具的变迁

交通工具是现代人的生活中不可缺少的一个部分。交通工具狭义上指一切人造的用于人类代步或运输的装置。如：自行车、汽车、摩托车、火车、船只及飞行器等。其中也包括马车、牛车等动物驱动的移动设备，从这一点来说，黄包车、轿子、轮椅也算是交通工具。随着科技的发展，交通工具也在不断变化。

最最原始的交通工具是人们的双脚。早期人们的科技、政治、经济等等都很不发达，主要是靠步行来相互走访联系的。在人们的智力水平有了显著提高后，有了马车等畜力交通工具，是交通工具史的一个“巨大”飞跃，促进了部落间、朝野间的交流，形成小范围内的良性循环；其后水上的交通工具也逐渐成形，并逐步发展至站场，如三国时期，每次大战都会聚集最顶尖的作战工具和交通工具。

自行车是人类发明的最成功的一种人力机械之一，是由许多简单机件组成的复杂机械。世界上第一批真正实用型的自行车出现于19世纪初。1817年，德国人德莱斯在法国巴黎发明了带车把的木制两轮自行车。自行车问世后迅速成为当时欧洲人青睐的交通工具。

直至蒸汽机的出现，人类交通工具的发展才进入飞速发展阶段。蒸汽阶段为英国产业革命时期，代表性的交通工具如蒸汽机车、蒸汽轮船等。机动化交通工具的发明与发展，极大了缩短了时空距离，影响了城市的布局，也极大地改变了人们的生活方式。

1804年，由英国的矿山技师德里维斯克利用瓦特的蒸汽机造出了世界上第一台蒸汽机车，因为当时使用煤炭或木柴做燃料，所以人们都叫它“火车”，一直沿用至今。1879年，德国西门子电气公司研制了第一台电力机车。其后火车的制造技术不断进步，如今已进入“高铁时代”。

一般都把 1886 年作为汽车元年，也有些学者把卡尔•本茨制成第一辆三轮汽车之年（1885 年），视为汽车诞生年。美国在第一次世界大战前就凭借福特的流水线生产模式进入汽车普及时代，而汽车在意、英、法、德等欧洲国家是二战后才大量进入家庭的，并在 20 世纪 60、70 年代进入高峰。

世界上首条地下铁路系统是在 1863 年英国开通的“伦敦大都会铁路”(Metropolitan Railway)，是为了解决当时伦敦的交通堵塞问题而建。现今世界上很多城市都修建了地铁，且地铁在许多城市交通中已担负起主要的乘客运输任务。地铁与城市中其他交通工具相比，除了能避免城市地面拥挤和充分利用空间外，还有运量大和速度快的显著优势。

而中国近代交通工具的演变，最集中最领先的是上海。上海开埠后，盛行的交通工具是中国传统的独轮车和轿子。独轮车原先用于载货，其后也用于载人，见图 2-1。但好景不长，人力车兴起。1874 年，一个叫米拉的法国人，从日本引进了人力车。当时的上海为求醒目，车身一律为黄色，又名黄包车，见图 2-2。

图 2-1　独轮车

图 2-2　人力车（黄包车）

2.2　交通与城市空间演变

城市是人类聚居的一种形式，城市形态伴随城市的发展而不断丰富、完善。科学技术的迅速发展，使得城市空间规模越来越大，形态越来越复杂。城市交通也因与城市形态的相互影响有了长足的进步 [3]。

1）步行和马车时代

水路运输是最早出现的大运量、高效率的交通方式。随着马车、轮车等道路交通工具的相继问世，道路交通成为城市交通的主要组成部分。此时，城市规模较小，形态紧凑，呈向心集聚的单核心同心圆形态。1819 年在巴黎出现了多人同乘的马车，这成为近代公共交通的开端，但公共马车对城市形态影响有限。

2）轨道交通时代

工业革命开始以后，轨道交通的出现从根本上改变了城市的结构，也为郊区通勤提供了可能。为解决当时城市拥挤问题，许多学者提出了不同的理论，影响最大的就是霍华德的"田园城市理论"，它为后来出现的城市分散奠定了理论基础。由于火车、电车等交通工具的使用，城市有了前所未有的扩张力，从此，集聚和扩散就开始共同影响城市形态的演变。

3）综合交通时代

目前很多城市正在经历这一阶段。一方面，由轨道交通、公共汽车等公共交通工具所组成的城市公共交通系统，使城市的集聚力增强；另一方面，以小汽车为主的私人交通工具进一步增强了城市的扩散能力，使城市从单中心同心圆结构向分散结构发展；此外，信息互联网的迅猛发展，使 Internet 构成的电子运输网把部分实际通勤转化为电子通勤，从而在一定程度上缓解了城市道路供给的压力，但由于网络的安全性等原因，电子通勤对城市形态的影响比实际通勤要小得多。小汽车作为一种便捷的交通工具，因其舒适性和灵活性的特点而备受青睐。

当前不少学者认为，综合发挥多种交通工具的优势，给予人们更多的选择余地，同时兼顾环境保护，才是城市交通发展的目标。

从城市空间结构来看，传统结构模型主要有以下三种[4]：

1）同心圆带状结构模型：1923 年伯吉斯提出通过同心圆结构可以最清楚地解释城市的内部结构，将城市模拟成生命体进行分析。同心圆学说的城市空间结构模式基本符合一元结构城市的特点，其从动态变化入手，为探讨城市空间结构形态提供了一种思想方法，见图 2-3。

2）扇状结构模型：1939 年由霍伊特提出，他根据对城市内部居住区分布所进行的调查，认为在解释城市内部结构时，扇形结构比抽查法或同心圆带状结构模型更具合理性，见图 2-4。

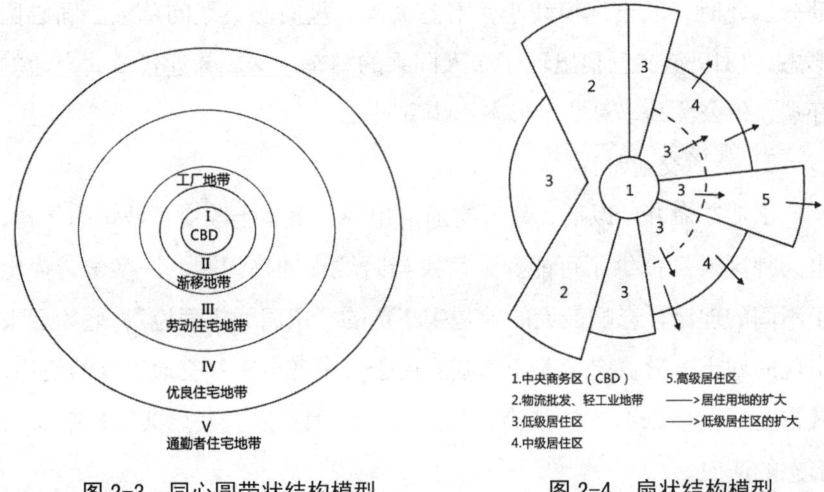

图 2-3　同心圆带状结构模型　　　图 2-4　扇状结构模型

3）多核心结构模型：1945 年由哈里斯和厄尔曼提出。多核心结构模型首先将同心圆带状模型看作是城市的整体结构，而面对居住区的结构时则主张采纳扇形结构模型，见图 2-5。

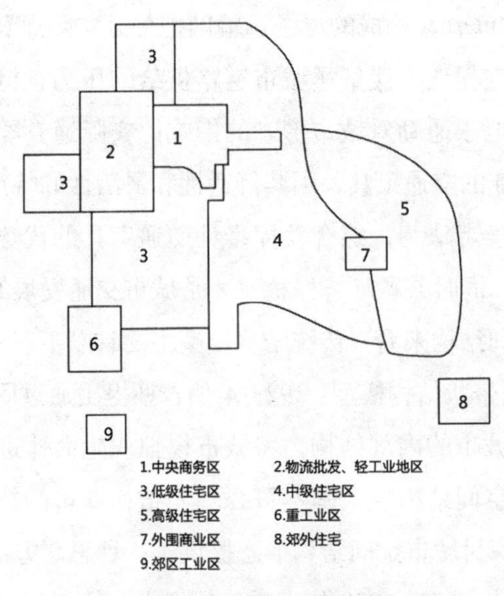

图 2-5　多核心结构模型

城市结构与交通关系的本质是城市交通在一定程度上决定了城市的布局结构；通过对交通结构的合理规划可以引导城市向合理的布局结构转变。交通与城市结构关系模型中影响较大的是汤姆逊模型[4]。

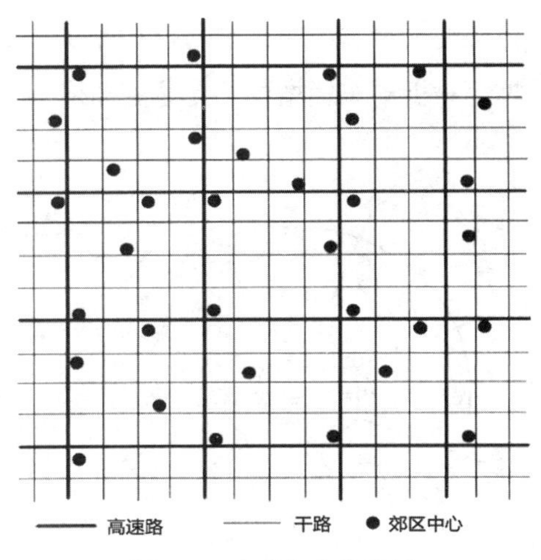

图 2-6　完全汽车化模型

汤姆逊在 20 世纪 70 年代根据对全世界 20 个大城市的调查，总结了五种交通与城市布局结构的关系模型：完全汽车化模型、弱市中心战略模型、强市中心战略模型、限制汽车交通战略模型、低成本战略模型，如图 2-6 ～图 2-10 所示。

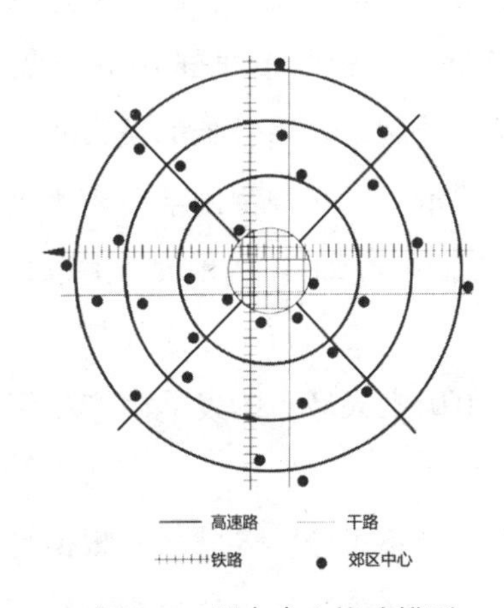

图 2-7　弱市中心战略模型

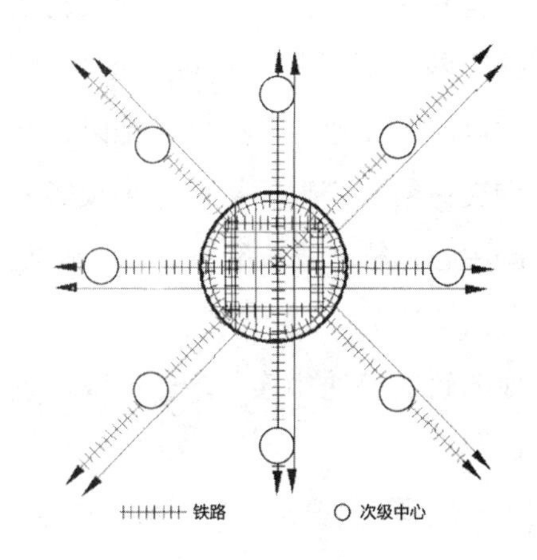

图 2-8　强市中心战略模型

这些模型中，完全汽车化、弱市中心战略、低成本战略三种模型主要依靠地面道路解决交通问题，其特点是为了解决交通拥挤问题而扩建道路，但扩建后的道路在降低出行时耗的同时，又引发新的出行需求，从而又回到了交通拥挤状态。另外，有限的土地资源决定了道路不可能无限制地扩张。可见，这三种城市模型都无法彻底解决大城市交通拥挤和环境污染问题，反而使城市陷入了“交通拥挤—道路扩建增容—机动车辆增加—交通更拥挤”的恶性循环。

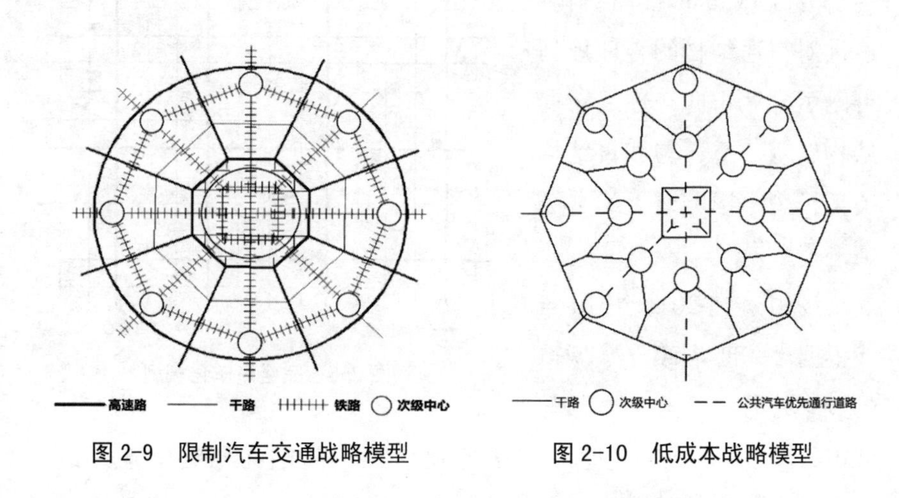

图 2-9 限制汽车交通战略模型　　图 2-10 低成本战略模型

强市中心战略模型是在世界铁路大发展时期形成的，在城市规模还没有大范围扩展以前，就已构建了从市中心向外辐射、四通八达的铁路网，城市在以后的发展中将其作为城市交通的组成部分和骨架。限制汽车交通战略模型，是以公共交通作为城市网络骨架的城市布局和交通结构模型。按照这种模式发展，城市中心区周围围绕着若干个副中心，整个城市呈多中心、分散式形态；城市核心区内地面交通以公共汽车优先、通行道路为主，副中心彼此之间及与市中心之间都有便捷的轨道交通相连[5]，这种城市模型对中国未来城市的发展将产生深远影响。

城市交通与城市空间结构相互促进、密不可分。各城市应根据自身特点优化城市空间结构，并建立社会性、经济性和可达性均有较高水平的现代化城市综合交通系统，促进城市空间结构的和谐发展，最终实现城市的健康“生长”。

历史文化大都市的发展大体可以分为两大类。一些历史文化大都市的发展历程表现为不断向周围扩张，突破现状城市规模的约束后按照更大的城市轮廓继续扩张，因此城市形态呈现类似树木年轮般的可读印记，城市道路网络形成明显的环路加放射线的布局形态，如巴黎、伦敦、北京等许多大城市都经历了这样的城市发展阶段。也有一些历史文化大都市在城市的发展进程中采取了在历史核心区外围另外开辟新城的发展策略，如巴塞罗那、巴黎的拉德方斯新区。

2.3 北京旧城交通发展史

北京拥有3000多年的建城史、800多年的建都史，其交通发展历程也反映了古都风貌的变迁。

游牧民族统治的朝代，骡马横行，街道又叫马路。许多大宅门前都有下马石，便于“文官坐轿、武将骑马”。到了清末与民国初年，人力车才成了北京的主要交通工具，十字路口、胡同两端，饭馆、菜市、商场、旅店的大门外，都有人力车在等座，随叫随走。尤其是戏园、舞厅、八大胡同那种娱乐场所，到了后半夜仍有人力车静候，夜生活的氛围很浓，也很方便。到了20世纪80年代，首都北京的自行车数量超过千万辆，自行车出行一度是北京市民出行的主要交通方式，中国也被誉为“自行车王国”。但近年北京人骑车出行比例骤降。究其原因，主要是步道、自行车道被挤占严重，通行环境和安全条件不断下降，尤其是机动车违章停车严重影响步行、自行车路权和安全，这些因素抑制了步行、自行车这些绿色环保的出行方式。

北京公共交通的出现始于20世纪初，至今已有90多年的发展历史。从1956年第一辆无轨电车试制成功，到1966年5月6日最后一条有轨电车线路停驶，北京公共交通进入全面发展阶段，见图2-11、图2-12。

图2-11 1958年东长安街

图2-12 1956年安定门外大街

现今北京公交车辆的面貌发生了巨大的变化，由单一的有轨电车发展到布局更加合理的多种运营结构，尤其是近几年，北京公交加快了"绿色公交"的步伐，清洁燃料车拥有量已居世界各城市首位，公交车辆已经成为现代化大都市一道靓丽的风景线。而北京旧城内由于道路条件的限制，公交线路均布置于历史街区周边交通干道上，胡同内缺少公共交通线路，公交的末端可达性有待进一步提高。

北京地铁的规划始于1953年，工程始建于1965年，最早的线路竣工于1969年，是中国大陆乃至大中华地区的第一个地铁系统。北京地铁一期工程于1965年7月1日开工，地铁建设中最有争议的一步就是拆除北京内城从复兴门到北京站的城墙和城门，最后周恩来总理要求保留正阳门城楼及箭楼，而其他的城门、城墙则被拆除。经过艰难探索阶段到缓慢建设阶段再后经过新世纪蓄力发展、奥运腾飞发展和世界城市扎实发展，北京地铁逐步发展到世界前列。如今，北京旧城是北京市内地铁线路最多、站点相对密集的地方，旧城内约85%的地区处于地铁站点1km的覆盖范围内。

1924年，北京开通的有轨电车是北京第一代的现代化交通工具，它似乎也成为北京进入现代化的标识。有轨电车也叫当当车，那时的售票员报站也是京腔京韵："抓药您上同仁堂，扯布您上瑞蚨祥，前门到啦下车吧您呢……"老北京有轨电车线路均位于现北京旧城内，但均已拆除。2009年1月1日，改造后的新前门大街按照计划铺设了有轨电车的铁轨，使消失了50年之久的"铛铛车"重新开通，但其仅作为旅游项目，见图2-13。

图2-13 前门铛铛车

20世纪90年代，摩托车在北京火爆一时，但政府出于公共安全考虑限制摩托车的数量，摩托车逐渐淡出人们的生活。而随后私家车登上历史舞台，从私家车是有钱人的专属进入到寻常百姓家，经历几十年的发展，2010 年北京的机动车为 407.5 万辆，方便人们出行的同时，也扮演着导致城市交通拥堵的重要角色，也带来的机动车尾气污染问题。北京旧城内居民由于收入水平较低等原因，机动车拥有水平相对较低，但由于旧城胡同狭窄，缺乏机动车停车设施，胡同被停车占用的情况愈演愈烈，见图 2-14。

图 2-14 北京某胡同停车

第3章 历史名城交通特征

3.1 历史名城道路特性

历史文化名城的道路随着历史的发展逐步演变，各具特色。如古罗马时期的方格网状道路系统、中世纪欧洲城市道路系统呈自然生长状、突出皇权讲究礼制的都城路网、依山傍水而建的自由式路网等等。

3.1.1 北京

明、清北京城是在元大都旧城的基础上，经过几次改造和扩建而形成的。主要道路和胡同基本延续了元大都的尺度和走向，构成横平竖直的棋盘式街道格局。

北京传统的道路按照宽度及功能分为大街、小街和胡同。其中，街以交通及商业功能为主，胡同以居住功能为主。从旧城道路格局来说，内城严格遵守《周礼•考工记》的思想规划设计，延续了元大都规划的格局，除宫城与皇城外，整个内城由东西向的胡同与南北向的大街垂直交错划分，形成笔直且井然有序的方格网状道路系统；外城未经过统一的规划，街巷道路多为自发形成。两旁建筑的檐口高度为3～4m，坡顶高度为1.5m左右，胡同宽度与两侧建筑的高度比在1∶1～1∶2之间，用芦原义信的“街道美学”来分析，这种宽高比是最平和而且紧凑的空间尺度，带给居住者一种内聚向心的安定感，适宜于居住以及步行出入。

新中国成立后，为了满足经济发展和党中央、国务院的办公需要以及提高市民生活、出行水平的需要，先后改建了一大批道路。经过五十余年的建设，旧城内已基本形成四横和两竖的主干道系统。现今，旧城内主、次干道系统已基本实现规划，路网格局基本固定。纵观北京旧城道路的发展历程，随着时代的变迁打通和拓宽了一些道路，但棋盘式路网系统骨架并没有改变，基本延续了历史上原有的道路格局，只是根据城市发展和市政、交通基础设施建设的需要，主要道路的空间尺度有所变化。一是皇城居中阻断了贯通东西与南北的干道；二是内城街巷胡同布局严谨呈规范的棋盘状；而外城则比较自由，斜街多；三是内城道路的空间尺度在皇城和历史文化保护区等尚未改造的地区，基本保持了原有的历史风貌。

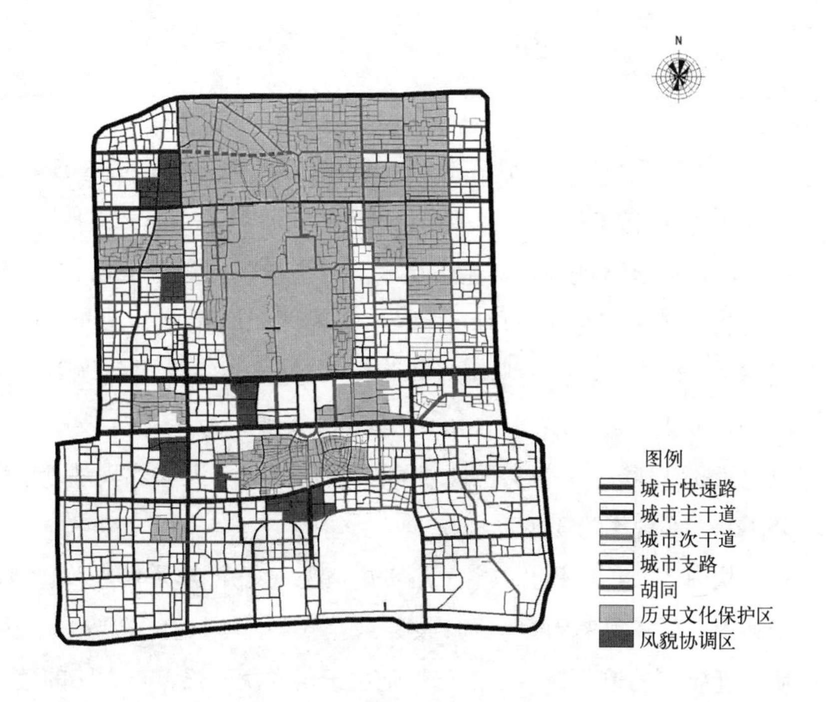

图 3-1　北京旧城干路网示意图

旧城路网在形态、格局及尺度上依然保留着历史风貌的一些特色，见图 3-1：

①皇城居中阻断了贯通东西与南北的干道。

②内城街巷胡同布局严谨，呈规范的棋盘状；而外城则比较自由，斜街多。

③内城道路的空间尺度在皇城和历史文化保护区等尚未改造的地区，基本保持了原有的历史风貌。

截至 2010 年底，北京市二环内旧城总面积为 61.85km²，现状道路总里程为 319.1km，道路网密度为 5.16km/km²，道路面积率为 14.5%。分析可知，旧城区的现状道路网密度和道路面积率均略低于规范要求，见表 3-1。

旧城道路现状指标与规范、规划比较　　表3-1

项目	道路网密度（km/km²）	道路面积率（%）
现状指标	5.159	14.5
规范指标	5.4～7.1	15～20
规划指标	8.296	22.8

旧城区已按规划建成道路 249.3km，占规划总里程的 48.6%，基本实现规划道路 137.3km，占规划总里程的 26.8%。

从各级道路规划及实施情况来看，主干路规划总里程为 69.1km，完全实现规划里程为 50.4km，基本实现规划里程为 14.7km，道路实现率为 72.9%；次干路规划总里程为 123.9km，完全实现规划里程为 80.6km，基本实现规划里程为 27.5km，实现率为 65.1%；支路规划总里程为 320.1km，完全实现规划里程为 118.3km，基本实现规划里程为 95.1km，实现率为 37.0%。

从图 3-2 可以看出，主干路实施情况最好（实现率达 72.9%）；次干路次之（实现率为 65.1%）；支路最差（实现率只有 37.0%）。说明旧城区近年来的道路建设重点仍然是主干路和次干路，对支路的建设尚不够重视。

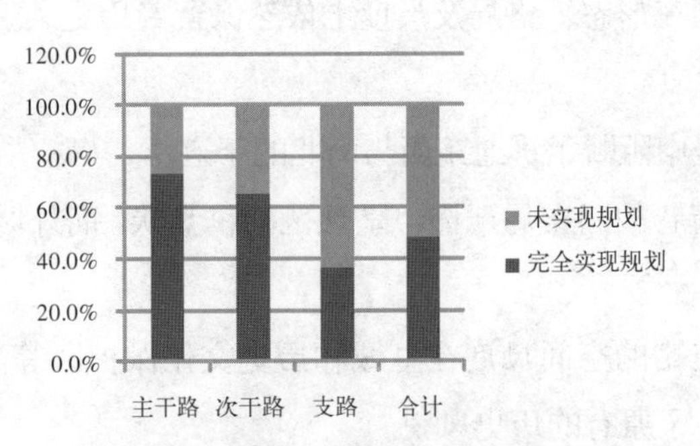

图 3-2　旧城区各级道路规划实现情况

从路网运行状态分析，依据北京交通发展研究中心提供的数据，旧城区 2010 年工作日处于中度拥堵状况，运行速度约为 20km/h。拥堵集中在二环路，以及南北向交通干道，医院、交通枢纽站、学校周边也是拥堵多发路段。从拥堵时间分析，旧城区内晚高峰的交通压力较之早高峰更大，拥堵路段大幅增加。

3.1.2 苏州

苏州古城在宋代时，已经形成了水陆平行、街河相邻、前街后河的双棋盘式城市格局。城河围绕城垣，城内河道综合，桥梁星罗棋布，街道依河而建，居民邻水而筑，形成了“宅前石街人履步、宅后河中舟楫行”的城市景象。

尽管古城内街巷密度很高，但是多为宽度在 6 m 以下的小巷，不能适应现有机动化出行的需求。古城内部可通行小汽车的支路密度过低，现状为 1.28 km/km^2，仅为规范推荐指标的 1/3 左右。另外，由于私搭乱建等原因，导致其交通环境较差，小卖铺、发廊、小市场等临时建筑使本来就狭窄的空间更加有限。

古城区许多道路窄小，无法拓宽，断头路多，无法满足流量需求，典型的如人民路、干将路、凤凰街等；新区与中心城区的交通联系由于大运河阻隔，大量车辆集中在为数不多的几座跨运河桥上和与之相连的几条干道上；主干路间隔大、密度不足，东西向如道前街新市路之间大于 1km。苏州古城区道路交通容易拥堵 [16]。

3.1.3 西安

西安城市道路继承了唐长安城棋盘式道路网格局，历经历史演变和近些年来城市道路建设，逐步形成了“两轴、三环、八线”城市道路网主骨架。西安市城墙内部道路网络基本呈方格网结构，主要承担市内交通，几条主干道贯通性较强，但干道间的间距较大，使城市交通过度集中于这些交通干道上，不利于机动车、非机动车交通的分离。

传统的生活习惯又使得城墙内的次干道和支路的街道普遍较窄，道路通行能力不足，而房屋的沿街建设加大了道路拓宽改造的难度。

3.2　旧城公交发展现状

以北京市东城区为例，分析旧城区的公共交通发展现状。

1）现状轨道交通线路及站点分布

东城区现状运营轨道交通线路共6条，为M1、M2、M5、M6、M13、机场线。另外地铁M7、M8正在施工中（2011年数据）。

取750m为轨道交通站点的服务半径，东城区地铁站的站点覆盖率为53.0%。与北京中心城城六区相比，东城区的地铁站点覆盖率仅次于西城区的站点覆盖率，符合北京市中心区域轨道交通比外围区域发达的特征。

2）现状地面公交线路和站点分布

东城区公交线路总数为209条，其中市区公交为149条，市郊公交60条，站点总数约394个（2011年数据）。

对东城地面公交站点及线路通过站点覆盖率、纯线网密度、运营线网密度、线网覆盖率、线路重复系数等5个指标进行评价。

（1）站点覆盖率：以300m为服务半径的计算，东城区公交站点的覆盖率为80.8%；若以500m为服务半径，站点覆盖率为94.7%。

（2）公交纯线网密度：指有公交服务的每平方公里的城市用地面积上，有公交线路经过的道路中心线长度。现状城六区中东城区公交纯线网密度最大，为3.3km/km^2，说明居民乘车可达性相对较好。

（3）公交运营线网密度：公交运营线网密度的计算方法是各公交运营线路的实际长度除以所经地区的面积。现状城六区中东城区公交运营线网密度最大，为23.84km/km^2。

（4）公交线网覆盖率：公交线网覆盖率反映了有公交线路经过的道路长度占道路总长度的比例情况。东城区道路总长度为462.2km，有公交线路经过的道路中心线长度为141.7km。在城六区中，东城区公交线网覆盖率仅高于西城，为0.31。

（5）公交线路重复系数：反映公交线路在城市主要道路上的密集程度。北京市线路重复系数 5.5，而东城区重复系统位列北京之首，达到 7.15，说明东城区公交线路比较集中，线路分布密集度相对较高。

3）交通场站情况

东城区有现状公交场站 29 处，面积 16.10hm^2。其中：保养场 1 处，枢纽站 2 处，首末站 26 处。

以东城区现状 91.9 万常住人口计算，东城区应安排地面公交场站 18 ~ 26hm^2，目前场站设施还有所欠缺；现状地面公交场站中临时场站较多，稳定性较差。

4）公交专用道情况

截至 2010 年底，东城区内共 2 条大容量快速公交道，9 条普通公交专用道，里程共计约 32.8km。公交专用道均设置在现状主干路上，且交叉口混合通行（没有优先权，没有信号优先）。

5）地面公交运行速度

东城区公交车速偏低，东西走向如张自忠路、东四十条，前门大街，南北走向东单大街、崇文门大街、东直门小街、朝阳门小街，这些道路全天平常车速仅 13km/h，晚高峰时段行车速度更是缓慢。高峰出行过于集中，导致公交车速度普遍下降。

6）接驳换乘

与地面公交接驳的方式主要有步行、自行车、轨道交通以及地面公交自身。与轨道交通接驳的方式主要有步行、自行车、公交车、摩托车、出租车、小汽车。

目前轨道交通站点接驳存在的主要问题有：

（1）轨道交通站点缺乏一体化规划设计，主要体现在以下几个方面：

①轨道交通与其他交通方式没有形成无缝衔接，导致步行距离过长，增大乘客的出行时间，甚至会出现乘客不易找到轨道交通站点的情况或出了轨道交通站点不易找到地面公交站点的情况。

②轨道交通站点停车不便，包括自行车停放。由于停车不便，直接会导致部分乘客放弃选择轨道交通出行，尤其是小汽车拥有者，不利于减少小汽车的使用；同样自行车停车不方便，也减小了轨道交通的

服务半径。

(2) 地面公交接驳线路缺乏或不甚合理：目前，真正意义上的地面公交接驳线路较少，在地面公交线网规划时没有专门针对一些大型的轨道交通枢纽规划设计地面公交接驳线路。

(3) 接驳自行车的通行环境差：由于旧城道路空间有限，使得自行车在相当部分的路段上通行空间不连续，尤其在一幅路与双幅路，公交停靠占用非机动车道时，自行车不得不进入机动车道，造成自行车通行环境差，而且存在安全隐患，这样会让乘客放弃使用自行车出行或使用自行车与轨道交通接驳出行。

(4) 步行环境差：步行环境差表现在一些路段人行道偏窄、人行道的不连续、过街以及通过交叉口不便等方面，由于步行是公交出行必不可少的环节，步行环境差会直接影响出行者使用公交。

7) 公共交通服务水平分析

依据问卷调查结果，地面公交乘客对车内拥挤和车辆不准时意见较大。早、晚高峰期间，区内地面公交60%的车内服务水平处于D级以下，整体处于偏低水平，且晚高峰略好于早高峰。

根据已有的轨道交通日断面客流量数据，结合相应路线平峰时段发车间隔、车辆编组数（6节车编组）、额定载客量计算运送能力，计算东城区轨道交通的日断面满载率以及早、晚高峰断面满载率，数据表明轨道交通早晚高峰处于拥挤状态。

8) 公共交通现状总结及问题分析

(1) 公共交通在现状东城交通体系中已占据主导地位，轨道交通、地面公交承担大部分跨区客流。

(2) 东城区公共交通服务水平有待提升，存在一系列的问题：地面公交线网覆盖率低，线路重复系数高；地面公交车速偏低，运行可靠度低；轨道交通线路早晚高峰基本处于饱和状态；轨道交通站点与其他交通方式的衔接还有待提升；公交站台人性化设施不足，信息化水平有待提高等等。

引起上述问题的因素较多，主要有线网布局、站点布局、站台设计、换乘衔接、协调调度、通行的时空资源分配等，应从提升公交系统服务水平的角度出发，规划应着重从以下方面开展工作：优化衔接系统规划，提高换乘效率；优化公交线网，完善公交专用道网络；完善站台服务设施，提高候车服务水平等。

3.3 停车之祸

旧城居民出行的机动化，导致旧城停车需求快速增长。由于人口和功能的集聚，旧城一直都是停车需求最大的区域。但是，旧城寸土寸金以及历史文化保护的要求，使得旧城停车设施发展非常困难，停车供应难以满足需求增长的要求。

以北京为例，2010 年底北京旧城机动车保有量约为 46 万～50 万辆之间，私人机动车保有量约为 35 万～38 万辆之间。而旧城拥有各类车位 21.31 万个，其中居住车位 8.57 万个。旧城现状车位需求约为 65 万个，供需缺口 43.69 万个。若居住车位按一车一位计算，现状居住车位供需缺口为 29.43 万个，占旧城机动车位需求总缺口的 67.4%。旧城停车供需不足主要矛盾为基本车位严重不足。

胡同成为停车场，一方面，胡同停车使得原本就十分短缺的道路资源更加紧缺，步行与自行车交通空间受到挤占，机非混行，人车相互干扰，交通安全存在一定的问题；另一方面，旧城胡同本来就不是为机动车交通而设计，机动车的涌入一定程度上破坏了胡同原有的风貌与韵味，见图 3-3、图 3-4。

图 3-3　胡同内停车

图 3-4　东城区某胡同内停车

总体来说，北京旧城停车现状可以总结如下：

(1) 车辆拥有量增长很快，而停车位缺口较大，停车供需矛盾突出。

旧城停车问题的凸显，其背后的原因主要可归纳为“两个突破”，即：车辆增长突破预期，车辆使用突破预期。同时部分公建配建停车场夜间利用率较低，造成的资源的限制浪费，此外旧城内未对外开放的停车泊位比例估算为41%。

(2) 应对策略上发生偏差。

停车问题的应对策略发生偏差，可以归纳为“两个滞后”（配建指标滞后、泊位建设滞后）和“三个不够”（资源利用不够、需求调节不够、管理水平不够），分述如下：

① 停车配建指标偏低，配建不能满足需求

北京市于1989年出台第一部建筑物停车配建标准，但由于种种原因未能充分贯彻；1994年开始实行较规范的建筑物配建标准，局限于当时的历史条件，针对各类建筑物制定的停车配建指标整体偏低（基本沿用1989年的指标要求），不能适应社会经济发展和机动车拥有量剧增的需要，也难以指导建筑物超前建设停车位。而对停车配建的认识不足又使一些开发商总是想方设法不建或少建配建车场，或尽量降低建设要求、压缩停车空间施工，或者把停车场建在不方便利用的区域，导致多数建筑设施在建成使用后很快陷入停车困境，无法满足建筑自身拥有车辆和吸引外来车辆的停车要求。

② 公共停车设施建设缓慢，停车规划执行乏力

诸多原因导致旧城停车规划的实施并不理想，真正意义上的路外公共停车场数量寥寥，路外公共停车场仅占东城区总停车场数的近1.05%，泊位数仅占总数的1.6%。停车规划的被动就成了在改造过程中失去了弥补停车历史遗留问题的大好时机。建筑容积率增加了，使用性质改变了，停车需求也相应增长，但却没有增加停车性质的土地资源配置，历史遗留下来的停车需求与供应的矛盾在东城改造过程中被推向新的困境。

另外，对停车研究缺乏滚动调整，规划方案长期一成不变；对规划停车场的开发模式缺乏灵活性；对停车设施的规划选址和建设计划缺少

一定的弹性；对市政、绿化等性质用地缺乏综合利用的观念，缺乏地上、地下统筹建设机制；以及停车场建设选址不当，建成后的停车场使用效率低下、停车泊位闲置等等，也是规划中存在的问题。

③车位开放经营程度不高，停车资源整合利用不够

旧城的各类停车设施中，经营性停车设施约为总量的71%，单位大院的停车泊位开放程度很低，远不能满足停车需求。在实际调查中，很多单位大院都不对外开放，只允许内部人员使用。车位不开放迫使来访者车辆就近随意停放，从而导致停车矛盾社会化。因此，应采取相关措施，鼓励现有停车设施对外开放，以缓解部分停车压力。

④停车对需求调节不够，"以静制动"未体现

由于北京市的公交轨道线网体系仍不完备，引导市民出行的停车换乘系统建设也刚起步，公交出行的比较优势不太明显，加上些中心地区停车管理不到位等因素影响，中心区高峰停车矛盾突出，在发挥停车对动态交通需求管理方面还需要加强。

⑤停车管理力度不够，管理手段相对落后

管理手段相对落后，除少数大型公建停车场外，大量的路侧、路外停车场依靠人工收费管理，缺乏现代化、智能化的管理工具。管理覆盖存在盲区，对于车辆白天夜间的随意停放行为只能突出少数重点地区白天加强监管，多数道路胡同以及夜间停车成为管理忽略点和管理盲区。

在宣传教育方面，相当多的市民现代交通意识和法律意识薄弱。随意乱停车、不交停车费的现象较多。要培养市民的良好停车行为，首先必须让市民了解政府的停车政策与停车法规，广泛宣传停车有位、合法停车的鲜明观念，做好宣传普及教育工作，这样政策法规的执行才能得到充分的理解与支持。

第 4 章　多视角看历史名城与街区

4.1　历史街区居民的说法

“我觉得四合院确实应该保留，因为我从小在四合院长大，我确实也看到其他四合院居住的很多人口，很密集，生活条件确实也很差。所以我觉得四合院必须要改造。所以现在无论是规划局也好，是文物局也好，提出了一个微循环。那么微循环像我们家这种情况的，说句实话我觉得应该是占少数。正好巧了，我们是一家子住这么一个小院，那么有很多大杂院，所以我希望政府下大力向这些大杂院里头，怎么能把人口疏散出一部分，然后再一部分进行改造。在改造过程当中呢，我觉得应该是个人要拿一些资金来，他是很愿意的。比如说你给他三间房吧，让他自己花钱给他修整一下，我相信他们一定会肯花出钱的。”

——北京旧城居民

“医院，以后年数大了，谁也不能保证没点毛病什么的，离医院近还是方便，不耽误你去，有点小毛病你也愿意去，因为近啊。本来小毛病，一坐车坐半天，都坐出大毛病了。”

——北京旧城居民

“住胡同里挺好的，别的地方也租不起房子。这里生活挺方便的，就是上厕所不方便。不过要是方便了也就不是这个价了不是？”

——外地在旧城常住人员

“我觉得我们这样的四合院在北京，尤其在现在道路拥挤，什么都不方便，是不是！我觉得我们居住的很满意。小一点，我们家庭也很方便。主要是工作，你像我上班走三站地。我爱人上班也是三站地，我们非常的方便。”

——旧城居民

“胡同里哪哪儿都是车，走路都不好走。”

——旧城居民

“这些老房子要是拆了，建高楼大厦，就没有中国的文化味儿了。我就喜欢住在你们这种平房的院里。周边有特色的地方也不能少，少了就没有特色了，和西方国家有什么差别，没有差别我就不来了。周边确实脏乱差，但这是政府应该负责的。”

——台湾游客

“胡同游，人力三轮车带来很大噪声，而且骑得快，对居民安全造成影响。车辆随便在胡同内停车（中老胡同），但人都不在这里住。”

——社区工作人员与居民

笔者在实际旧城交通规划工作项目中，也对历史街区内的居民、游客进行过一些调查，积累了一些民众意见，叙述如下：

1）关于人口与收入

目前，北京旧城内人户分离现象严重，一部分胡同的老北京搬离旧城，将户口留在原地。同时，旧城平房相对低廉的房租、便利的配套设施与交通环境，吸引一部分外来低端就业人口入住。如什刹海地区，外地常住人口达到26%，如图4-1所示。

从收入来看，旧城居民的收入偏低，以什刹海为例，2013年什刹海常住人口的月收入在3000元以下的占59.5%，月收入在3000～6000元的占33%，月收入在6000元以上的仅占7.5%，如图4-2所示。

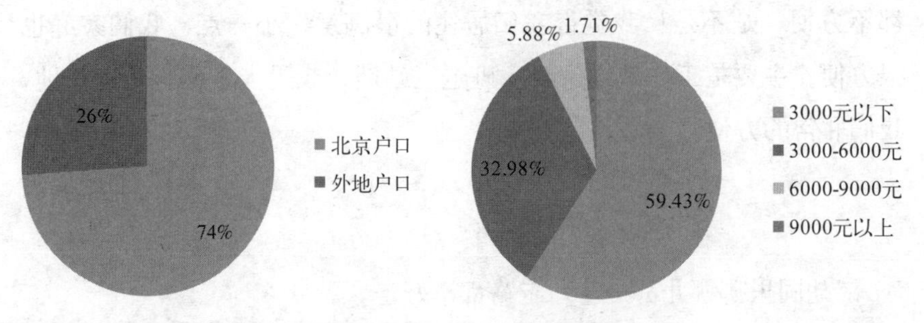

图 4-1 什刹海常住人口户籍调查　　图 4-2 什刹海常住人口月收入分布图

2）对交通整体交通状况的评价

总体来说，旧城常住人口对交通整体状况评价不高，如什刹海常住人口仅有 21% 表示对交通满意，52% 表示不满意，见图 4-3；而游客认为交通状况一般的占到 64%，见图 4-4。

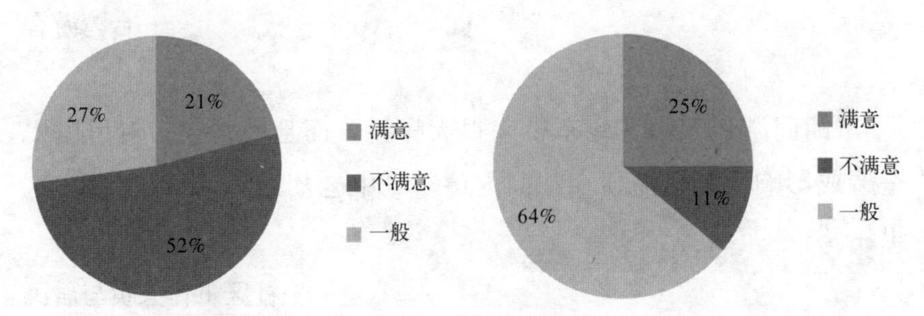

图 4-3 什刹海常住人口对交通的评价　　图 4-4 什刹海游客对交通的评价

3）对交通不满意的方面

对交通不满意的地方集中在交通拥堵、停车难以及步行环境差。机动车尾气污染与交通秩序混乱、交通素质不高也是居民反应比较强烈的问题，见图 4-5。

4）对胡同内步行环境的满意情况

调查显示，常住人口中有一半人对胡同内的步行环境不满意，有将近 35% 的人对胡同内步行环境感觉一般，而只有 15% 的人对其是感到满意的，见图 4-6。而游客有 42% 对步行环境满意，见图 4-7。

5）胡同内步行遇到的问题

调查显示，停车占道是胡同内步行时遇到的首要问题，其次是胡同内的乱搭私建和胡同脏乱、污水横流，见图 4-8。

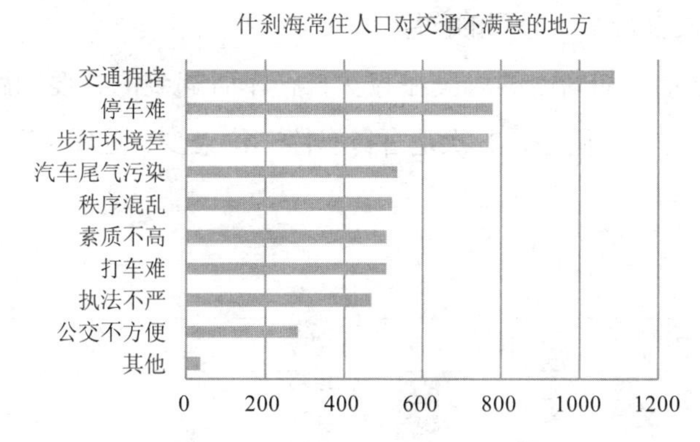

图 4-5　什刹海常住人口对交通不满意的地方

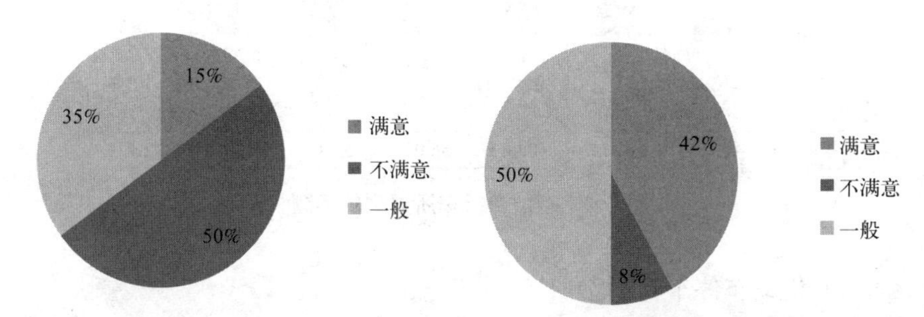

图 4-6　常住人口对胡同步行环境的满意情况

图 4-7　游客对胡同步行环境的满意情况

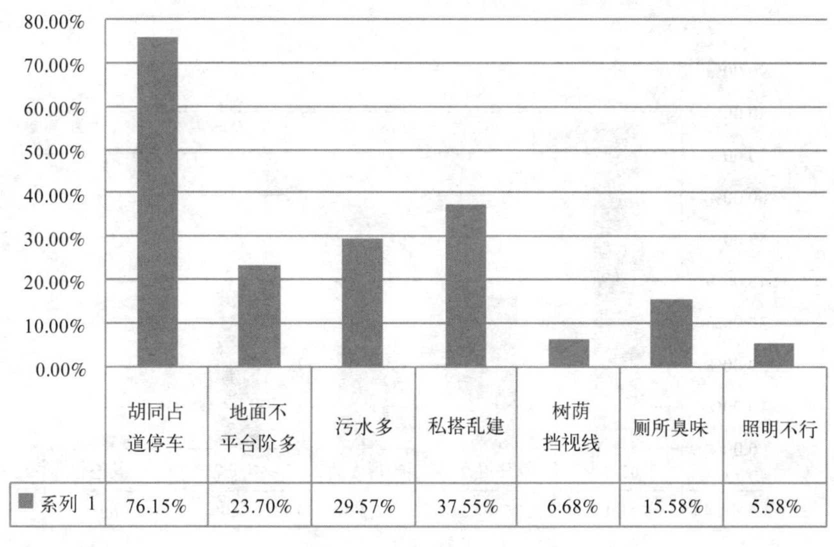

图 4-8　胡同步行问题

6）存放自行车所遇到的问题

调查显示，胡同内的居民在存放自行车时遇到的首要问题是不安全，担心自行车被偷盗，其次是自行车停车位太少，见图 4-9。

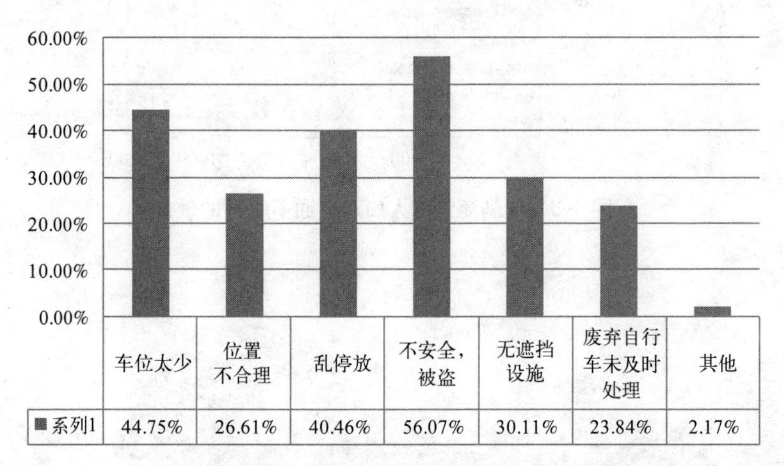

图 4-9　存放自行车所遇到的问题

7）机动车停车问题

胡同平房区停车位太少是停车最主要的问题，也是自驾者在胡同内停车的主要原因；停车感觉不安全以及停车秩序混乱也是面临的主要问题，见图 4-10。

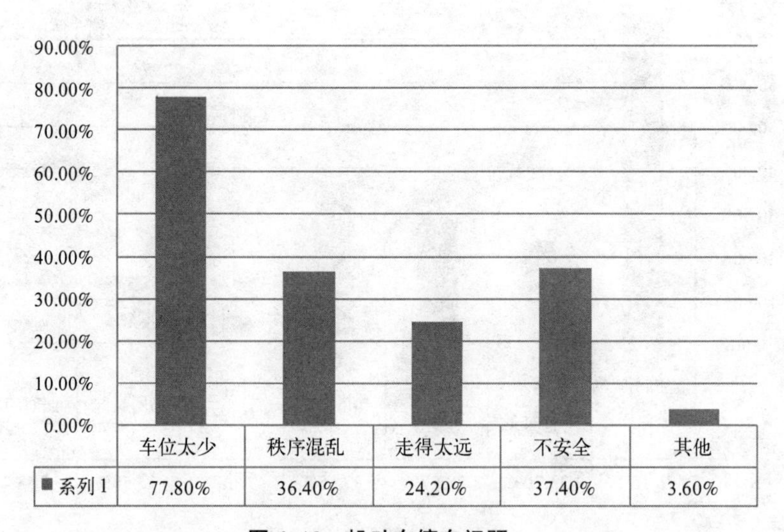

图 4-10　机动车停车问题

8）对胡同禁止机动车通行的态度

大多数居民都希望在胡同内禁止机动车通行，比例为65%。只有11%的居民认为没必要在胡同内禁止机动车通行，见图4-11。机动车在胡同内通行一定程度上已经干扰到当地居民的生活。另外，在对是否希望回到原来那种“胡同里可纳凉，街坊唠嗑，没这么多车”的安宁交通环境的调查中，76%的居民希望回到原来的交通环境，因为那样的交通环境下安静宜居；不希望回到原来那种交通环境的居民占到了15%，表示无所谓的居民占到了9%，见图4-12。

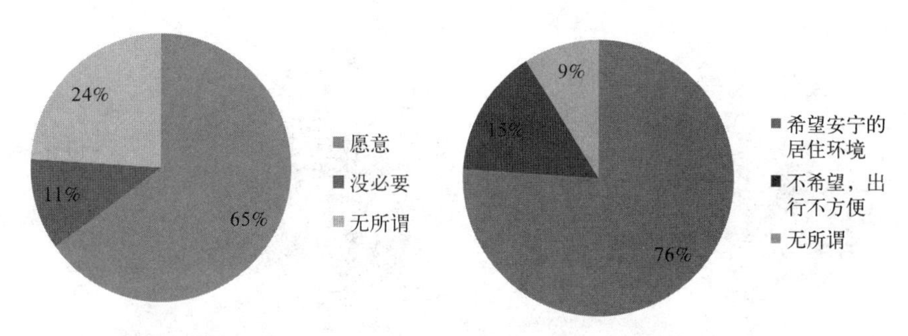

图4-11　胡同内禁止机动车通行意愿分布图

图4-12　是否希望回到原来安宁交通的意愿

9）对胡同内停车的认可度

只有32%的居民认为胡同内应禁止停车，大多数人认为胡同是可以停车的，但必须是有管理、有秩序的停放。目前在北京旧城实施的“机动车单停单行”措施获得了35%的人认可；认为允许夜间等不影响人们出行的时段可以停车的人的比例为14%；只有17%的人认为胡同内可以随便停车，见图4-13。

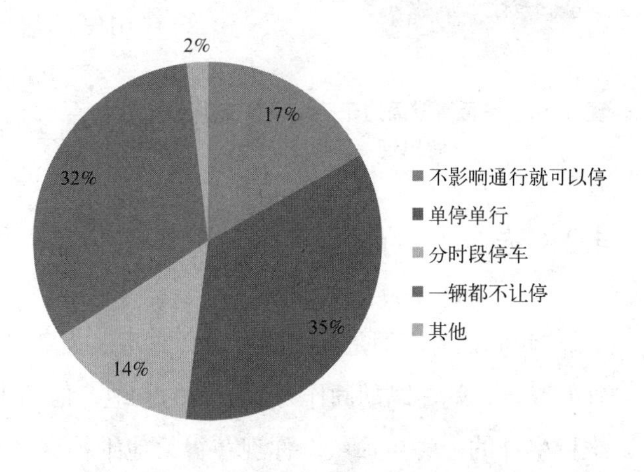

图4-13　胡同内停车认可度分布图

10）对违章停车、违章行驶等交通执法行为的看法

绝大多数的人认为应该对违章行为进行严格执法，比例为 89%。只有 3% 的人认为应该更加宽松执法。居民期待更为严格、有效的交通执法，见图 4-14。

11）对局部打通胡同的看法

在是否认可局部打通胡同的问题中，居民对局部打通胡同的认可度较高。有 75% 的居民认为应该打通胡同，25% 的居民认为不应该打通胡同，见图 4-15。

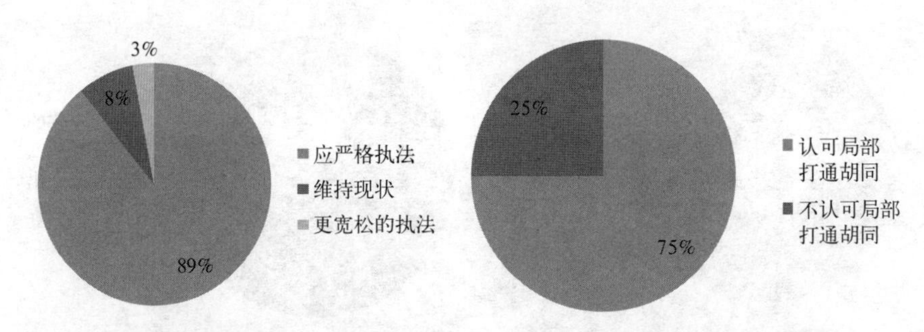

图 4-14　居民对交通执法的看法分布图　　图 4-15　是否认可局部打通胡同

12）对在历史街区周边干路上增设公交专用道的看法

总体而言，居民对周边干道上设置公交专用道的认可度较高。有 61% 的居民赞成增设公交专用道，有 27% 的居民不关心增设问题，见图 4-16。

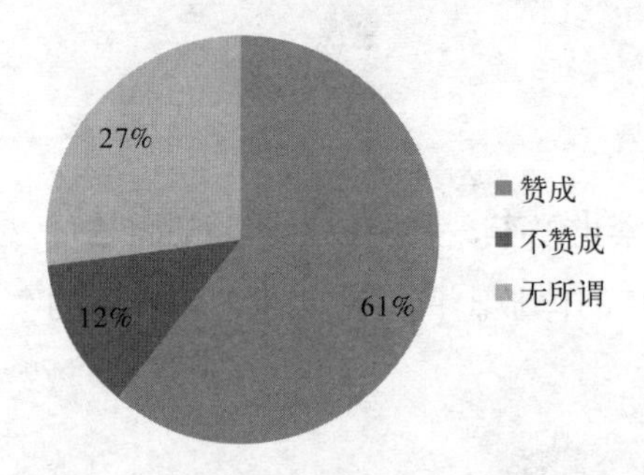

图 4-16　是否赞成周边干路增设公交专用道

4.2　专家们的看法

“我们认为胡同是北京的灵魂，它不仅是皇家当官的城市，平民百姓的城市，就是以胡同作为他生活的驻地。他搞小生产，来个小买卖，维持生计的一种生命线，你现在得给他维护这样一种东西。他这里边的老百姓，文人，一般的人都住在四合院里边，就是他的根，四合院

是他的根，胡同是城市的魂，北京的魂。”

——历史文化专家

“旧城的市政服务设施的事情，包括道路、包括它的水暖线、水暖电气热这些系统，必须现代化，你否则就不是一个给现代人生活的城。包括城市的卫生系统，这些东西都必须要做的，就是从什么意义来说这个活都是要重视的。”

——城市规划专家

“当然我们不是主张把老城区都搞成一个现代化的一个城区。但是确实在土地资源和文化资源，历史资源这方面的利用方面确实是差距很明显的，就是刚才我一开始讲那个，我的系统观念我还是强调这是一种保护，不是消极的保护封闭式的保护，应该是开放中的保护，利用中的保护。这样从经济合理上来讲更优化一些。”

——经济专家

“将现有的遗产，就是所谓的历史文化遗产做一个很好的整理，要有一个很好的分位，至少比如说，按照年代来分位，明代、清代、辽和金，按照这个模式管辖，把大致的年代区分出来，然后每一个不同的年代的历史文化遗产呢，划分不同的级别，然后，采取不同的措施进行保护”

——环境专家

“全世界大城市都存在停车问题，旧城的停车，需求管理是最重要的。但一些刚性的需求，像就医、本地居民的需求还是应该满足的，其他的都应该是限制。这里有一个观念转变的问题。”

——交通专家

“旧城的交通规划要转变理念来做，不能以建设为主的理念去做，要侧重城市更新、地下空间、管理组织等方面，这些应该是核心。”

——交通专家

“研究旧城交通，趋势判断很重要。功能是否更集中？人口是什么样的趋势？”

——交通专家

“基础设施的改善，应进行评估，居民是否接受？要有经验的总结与评估。”

——城市规划专家

“提倡不规则的红线，街景丰富；保证通畅，消防车通道要保障。”

——城市规划专家

4.3 管理者们的感慨

“要用发展的眼光来看交通规划，要和总体规划对接；与政策法规相衔接，是否能突破？不是就规划说规划；最要重视的是与实操的对接，可操作性上要下大功夫。”

——某区领导

“旧城交通是难题，因为旧城功能太多，交通难以支撑。而路网本身有缺陷，断头路也多。现在文保区的停车问题越来越严重，停车管理起来难度很大。消防车也进不去……”

——某交通管理部门

“规划管理应再规范一下，要体现老北京街道的味道。有些东西必须牺牲，不能面面俱到。”

——某规划主管部门

“经济不发展，何谈保护？应该辩证地看待保护与发展的问题。我建议有些文保专家应住到胡同里来，实际感受一下……”

——某旧城改造实施主体

“设立‘旅游示范区’过程中交通的瓶颈问题是停车，也包括旅游大巴的停车与绕行……”

——某旅游管理部门

“还不是说停车难，要是火烧连营，两边停车，救火车根本进不来，再加上木质结构，真是一个天大的问题。每年过年一放炮，就容易火烧连营。”

——社区工作人员

“他们进出车辆特别多，影响胡同交通。还有就是他们的垃圾特别多，都堆到墙外、胡同里，影响交通，和居民有纠纷。”

——某居民对胡同内酒吧的意见

第5章 当前形势下对历史名城与街区交通的思考

5.1 历史名城与街区发展面临的挑战

城市化及机动化的发展使得历史文化古城的规模难以满足现代城市的发展要求，一些古城开始向外围扩展成为现代都市的聚合体，古城的历史传统风貌也随着城市的扩张过程逐渐消失于现代都市风格之中。同时为了满足现代城市功能，历史古城中也不断进行着改造建设工程，诸如危旧房改造、道路的拓宽建设等等。

城市建设与古城结构格局的冲突首先体现在由于城市空间增长战略模式不同而引发城市形态格局变化。常见的城市空间增长可以分为紧凑型、外延型、沿廊道开发型以及多节点型等发展模式，国外历史文化城市的发展历程表明，城市单中心的建设发展布局容易导致古城的蔓延，进而引发城市交通拥堵、住房紧张及环境污染等社会问题，同时城市内大量的基础设施需要进行大规模改造以不断适应城市新的功能需求，对于古城风貌格局的破坏也比较严重，随着大规模的改造进程，古城的原有风貌格局也将湮没于现代化的巨型城市之中。

总体来说，中国的历史名城或街区在更新上面临以下困境：

1）城市空间形态多样化，历史名城或街区的传统风貌受到一定程度影响

随着时代的发展，现代生活需求对传统空间形态与文化产生了较大冲击，历史名城的城市风貌也随之发生了较大改变。原有城市功能分区被打破，不同城市功能产生了融合，并形成了更为丰富多样的城市结构。空间形态上也不再讲究高度、形制的严格区分，主次关系不再明确。而历史名城内主要道路的拓宽和大体量现代建筑的兴建在塑

造崭新城市形象的同时也对该地区传统的风貌造成了一定的影响。

另外，随着历史名城内历史街区的设立，旧城内大量传统地区得以保留。由于历史的原因，历史文化保护区有机更新难度较大；而非保护区，在城市建设的同时较少考虑对传统城市空间肌理的传承和呼应，形成传统与现代的强烈反差。

2）城市更新伴随着容量的提高

随着土地有偿使用、土地级差效益的出现，房地产业在经济利益的驱动下，旧城区成为房地产商开发的热点——以获取高额利润为主要目标，追求单一的经济利益。而城市中心区的土地利用转换，势必带来土地使用性质改变和使用强度提高。与之相伴而随的应是加强和提高基础设施的负荷能力，供电、供水、通信、供气、排水都要进行彻底改造，交通也应进行根本改善，必须使出入交通顺畅，并配备足够的停车场地，同时还须做好城市设计，既有体现城市特色的标志性建筑，又要有一定的广场、绿地，供人们散步、游玩、休息，不以高层取胜。如果盲目兴建高层建筑，片面提高容积率，现有基础设施容量和交通容量则难以适应高强度开发，可能会导致容量过高，产生负效应。世界银行的调查发现，目前我国的旧城改造，在改造土地利用的同时，逐步提高了容积率，已从很低的指标（0.3 ~ 0.6）提高到了高得多的指标（2.5 ~ 10.0）。

3）基础设施相对落后

住宅拥挤，房屋破旧，基础设施不足是我国旧城最为严重的问题之一。随着人们生活水平的提高，人们对居住标准、环境品质、文体设施、停车设施等各方面需求的进一步提高，即便是那些已经经过改造的居住区，其改善更新的压力也将日益增加。

交通方面，一般城市的旧城区由于集中了大量的优质资源，如教育、医疗、信息等，导致城市功能过于集中，相应的城市交通的产生与吸引强度大，而旧城区的路网条件并不适合机动车交通的发展，旧城交通压力往往是城市中交通压力最突出的区域。交通设施的建设对旧城环境的改善起不了实质性的作用，以破坏旧城历史文脉为代价，将道路打通了、拓宽了，但是交通却更拥挤了，环境更恶化了。

4）更新面广量大，资金不足

改革开放以前，由于我国经济基础薄弱，国力很低，没有能力大力改造旧城，旧城改造的政策只能是"充分利用，逐步改造"。因为对旧城着眼点在于充分利用，实际上，大多数旧城维修、养护、更新资金不足，利用多，改造少，长期处于高强度使用、勉强维持的状况。改革开放以后，随着城市经济的发展，居民生活水平的提高，长期积累的矛盾逐步暴露出来，房屋破旧、人居环境差、基础设施缺乏、交通拥挤等等，使得中国旧城更新改造面临着巨大的压力，而且中国人口众多，旧城更新面广且量大，拆迁安置、基础设施更新等需要大量的资金，光靠政府独立承担，难以解决。

由于历史原因，各保护区人口密度普遍较大，都存在着房屋产权复杂、居民利益协调难度较大等问题，对人口外迁安置工作的顺利开展形成阻碍。以院落为单位的居民腾退和改造利用较难实现。部分地区出现地区活力下降和人口贫困化现象。但长期以来，保护区内房屋的修缮保护和改造利用，一直缺乏有效地控制引导和管理监督，历史传统风貌的延续与居民生活条件的改善成为难以协调的矛盾。

5.2 历史名城与街区的交通问题

以北京为例，对北京旧城交通的问题进行分析。北京旧城是指二环路以内（以道路中心线计），面积为62.5km^{2}的区域。它位于北京市的核心地带，历史悠久，是中国古代都城规划史上最后的经典之作；它集中展现了北京的传统风貌，也是北京建设世界城市的窗口示范区。

近年来，由于市场经济发展速度很快，人口向城市流动和集结也越来越快，造成了北京城区特别是旧城区人口密度越来越大，内部功能关系越来越复杂。相应的，北京的交通状况目前仍令人担忧。

1）旧城区社会经济活动密集，交通产生与吸引强度大

旧城的城市职能过于集中导致其交通需求强劲。北京旧城是党中央等诸多行政机关所在地，也是旅游资源丰富的地区，同时旧城内优质的教育、医疗资源也产生大量的交通需求。据统计，旧城区现状白

天人口为287万人，而夜间人口仅为131万人，昼夜人口比为1 : 2.2，符合大城市核心区的特性。另外，从出行强度分析，旧城内交通发生强度为7.6万人次/km^2，交通吸引强度为9.9万人次/km^2，远高于全市均值。

2）道路网系统先天不足，加剧交通拥堵

由于历史的原因北京旧城区的路网结构有其先天的不足：缺乏南北干道，致使高峰期间南北贯穿市区的交通流有70%集中于二环路，致使其白天出现周期性拥堵。市区路网通达性差，历史文化保护区占中心区土地总面积的45%。众多单位大院散落其中，使局部路网结构不合理，且形成了许多的断头路，难以实施城区的道路单行系统。再者旧城与外部联系的放射状干道与二环快速路的衔接存在一定的不足，它们的相交方式大部分是二环上跨，但与二环相交的各放射干道与二环快速路两侧辅路的平面交叉严重制约了内城车辆高峰时段的快速疏散，形成了多处瓶颈，加剧了内城交通的“潮汐”拥堵现象。

另外，旧城位于北京中心城的核心地区，其所处的区位决定其承担大量的机动车过境量。过境交通以东西向为主要方向，6条主要的东西向道路早晚高峰过境机动车比例约为40% ~ 70%。另外，二环路分段承担大量的过境交通，见图5-1。

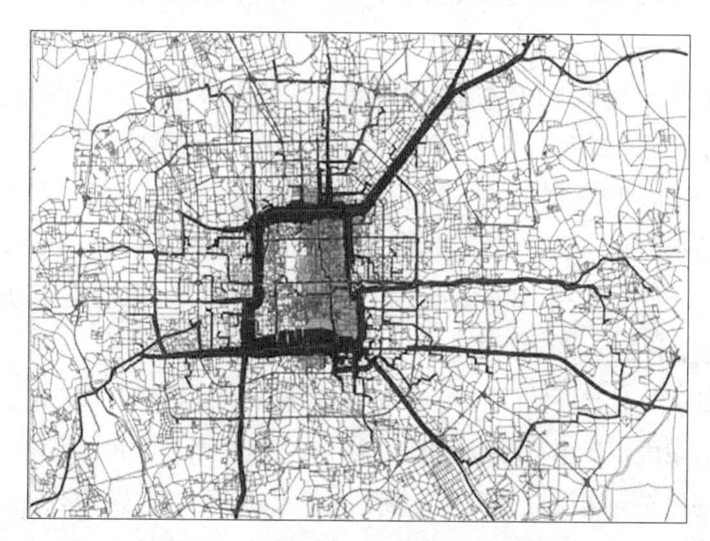

图5-1　现状二环过境交通流向与流量

3）交通服务水平有待进一步提高，与世界城市相比仍存在一定差距

旧城内存在一系列的交通问题，表现在局部道路拥堵、地面公交运行车速低、地铁拥挤、停车难、停车秩序较混乱、交通人性化不足、缺乏和谐的交通环境等等方面。造成这些交通问题的原因是多样的，有历史客观原因、规划理念问题、也有建设管理问题。

如公共交通服务方面，目前旧城由于路网格局的原因，公交还不能完全实现合理距离的换乘，一些胡同街巷不具备公交通行的条件，造成了门到站的距离过远。另有，由于地上建筑与用地布局原因，旧城内的公交之间、公交与地铁之间的换乘距离过大，使得公共交通的吸引力大大降低。

4）机动车增长过快，停车问题严重

随着国民经济的快速增长，居民收入不断提高，旧城居民机动车拥有量也随之迅速增加，根据北京市交管局统计数据，2010 年底东、西城共有机动车 73.9 万辆（东城区 32.9 万辆，西城区 41 万辆），东、西城共有私人机动车 56.4 万辆（东城区 23.8 万辆，西城区 32.6 万辆），户均拥有私人机动车 0.65 辆。旧城居民基本车位停车需求得不到解决，是目前旧城停车供需矛盾中的主要矛盾。

另外旧城区功能过度集中，国家、市直行政机关单位大部分在二环以内，且分布有多处旅游景点、大型综合购物中心等。这些机构的机动车产生和吸引强度与集中程度都是比较大的，对停车的需求很高，但由于旧城内的种种历史原因，其停车问题没有得到很好的解决。按国际经验标准每辆车应有 1.2 个车位较为适宜，而北京目前每辆车停车位不足 0.2 个，致使机动车乱停乱放，给道路资源原本缺乏的旧城交通造成了严重的影响。另外，胡同内的停车已经严重影响历史街区的风貌，侵占了居民的公共活动空间。

目前，北京旧城内的自行车的停放也未得到很好的解决。自行车仍是旧城内生活出行和短距离出行的主要交通工具，其在居住、工作地点的停车问题没有得到妥善的解决，大部分购物、娱乐、公共场所也未设专用停车场，自行车只能占用人行道、绿化带停放，这给旧城

交通、治安、环境带来了许多矛盾。

5）广大居民的交通素质有待提高

现状北京旧城区自行车停车、机动车停车占用胡同、人行道、绿带现象严重，交通空间得不到保证，部分市民交通安全意识和法制观念淡薄，任意交通违章，形成因堵治乱、因乱致堵的恶性循环。行人闯红灯、横穿马路、电动自行车超速行驶、不排队候车等种种交通不文明情况也是导致交通效率低下的原因之一。

5.3 历史名城与街区的交通思考

历史名城与街区的交通规划不应是简单地强调交通基础设施的建设，思路应逐步转变为整合交通资源、发挥交通系统最大效益，更多地关注交通的人本主义，交通发展与文化保护的协调发展、关注规划的实施与高效的管理策略。

1）从发展思路上来说，历史名城与街区应做到：

坚持走绿色交通、低碳交通发展之路。大力发展公共交通系统、步行交通及自行车交通系统。最大限度地提高公共交通的服务水平和效率，提高步行及自行车交通的安全性和方便性。

坚持走地上、地下空间综合利用，节约、集约使用土地之路。合理利用地上及地下空间，建设停车场等交通设施。

坚持走保护与利用、有机更新与发展之路。保持旧城胡同的传统肌理和风貌，因地制宜地整治和建设胡同，创造独特的胡同景观。

2）从发展目标上来说，历史名城与街区应做到：

构建符合历史名城与街区发展定位和功能要求，与其经济社会、历史风貌相协调的、以人为本、高效、低碳、和谐、可持续的，以步行交通、自行车交通、公共交通为主体的绿色、精致交通体系，引导城市空间结构和功能布局优化，促进土地使用与交通协调发展，支持经济繁荣和社会进步。

3）从交通发展方向而言，历史名城与街区应做到：

绿色低碳、高效便捷、安全舒适、精致有序。

绿色低碳：发展绿色、低碳交通方式，降低交通能耗，减少环境污染，与历史文化名城风貌和自然生态相协调。体现和强调“保护第一，环境优先”的原则和理念。

高效便捷：提供高水平、快捷的公共交通服务，实现各种交通方式的有机衔接，降低交通出行总时耗。强调“在保护的前提下，追求公共交通出行效率”。

安全舒适：向步行、自行车、公共交通参与者提供安全舒适的交通条件。体现“绿色交通出行优先，给予其更多的保护和关爱”的人性化理念。

精致有序：塑造精致的交通环境和良好的交通秩序。强调“交通系统超越交通本身的功能和特性，真正成为塑造城市景观的重要内容和手段，提升城市品质”的交通发展理念。

4）从交通发展模式而言，历史名城与街区应做到：

大力发展公共交通，全面、深入落实公共交通优先政策，大幅提升公共交通的吸引力，使公共交通成为中长距离出行的主导交通方式；引导小汽车交通合理使用，逐步优化交通结构；建立智能化交通管理体系。

第 6 章　协调发展

城市特色是城市的魅力所在，由于历史传统、自然环境、人文景观和地理条件不同，每个城市都会有自己鲜明的特点和优势，国内外许多城市往往因特色鲜明，别具一格而名扬天下，充满吸引力和生命力，一个城市拥有历史文化遗产的数量及保护实效已成为衡量全球城市竞争力的重要指标。随着中国城市化、机动化进程的加速，在协调好历史文化名城保护与旧城改造关系前提下，如何妥善处理好历史城区风貌保护与城市交通的关系，是当前各城市普遍面临的问题和挑战。

历史文化城市并不仅仅代表着逝去的历史，而是作为开放的领域继续影响着城市居民的生活，承担着居住、就业、休憩与交通四大基本城市功能，因此需要不断完善城市功能，形成完整的城市系统。随着城市化与机动化的发展，人们的生活水平不断提高，城市的功能也借助科技的力量而不断深化，交通作为城市四大基本功能之一，对于城市的发展有着重要的影响。

完整的城市交通系统应该与城市发展相协调，避免城市内的交通拥堵，减少交通事故危险性，减轻城市环境污染负担，支持正常的城市活动及良好的居住环境。同时对于城市的交通基础设施建设要用一种审慎而恰当的策略，对于城市未来的发展定位要有清晰的认识并能够进行正确评价，进而引导古城机动化以适应城市的发展变化。

历史文化城市的振兴可看作是一种成长过程，保护措施及建设要求跟随着城市的不断发展而发展，在保护的思想指导下允许必要的发展变化，并通过发展变化进一步对古城的保护起到积极作用。历史文化城市的物质形态变化是不可避免的，不可改变最终只能导致城市的衰败与灭亡，正如林奇所说，为了现在及未来的需要而对历史遗迹的变化进行管理并有效加以利用，胜过对神圣过去的一种僵化的尊重。机动化的发展将不可避免地造成历史文化城市空间肌理的改动，同时这种改变也会成为历史的一部分，应该注意使其不割裂与过去的关联性且能够适应今天的状况，将古城保护与城市建设形成共同促进城市发展的合力，推进城市发展并迎接未来的挑战[6]。

6.1 历史名城保护原则

1）整体保护原则

旧城整体保护不仅体现为对各个历史风貌要素的物理保护，还注重发掘旧城固有的人文精神，为其延续发展创造良好的空间环境，达到强化城市特色，促进城市活力的目的。

北京市明确提出旧城保护的十项要求①：

① 保护明、清北京城中轴线传统风貌特色。

② 保护明、清北京城“凸”字形轮廓。

③ 整体保护皇城。

④ 保护旧城内的历史河湖水系。

⑤ 保护旧城原有的棋盘式道路网骨架和街巷、胡同格局。

⑥ 保护传统建筑形态。

⑦ 分区域严格控制建筑高度，保持旧城平缓开阔的空间形态。

⑧ 保护重要景观线和街道对景。

⑨ 保护旧城传统建筑色彩和形态特征。

⑩ 保护古树名木及大树。

吴良镛院士在《北京城市总体规划修编（2004 ~ 2020 年）》之北京旧城保护研究中指出：“经过半个世纪的变化，并且局部也有所破坏，旧城的保护与整体整治，依然要恪守‘整体保护’的原则，否则新的发展将无所依据，失去准绳。”

2）以人为本的原则

“以人为本”全面协调可持续的发展观，不仅促进社会经济的全面发展，也是旧城保护的基本指导原则。无论是建筑的设计、交通系统

---

① 资料来源：《北京城市总体（2004 ~ 2020 年）》

的规划都必须以人的尺度、人的需求为原则，使城市“宜人、宜居”，使人的生活更加美好。

开展广泛的公众参与，获取居民、管理者、技术工作者、弱势群体等的意见，并将其运用到实际的规划工作中，也是以人为本的一种体现。

3）循序渐进的原则

旧城是个有机的整体，需要不断地有机更新。但更新的尺度不能太大，必须循序渐进，量力而为，反对大规模的更新与改造，反对一蹴而就。

4）积极保护的原则

北京旧城进行了许多改造，存在许多问题，但仍保留着城市艺术创造的净化，并以此为基础，在新的城市建设中加以整治和创造，进一步展现其艺术魅力。这种积极保护原则是北京历史文化名城保护的基本点[7]。

6.2 保护前提下的交通规划

城市的机动化发展对于古城整体格局形态的影响主要体现在两个方面。首先，机动化使出行距离发生了改变，根据我国各个城市的居民出行调查结果显示，我国城市居民的人均出行距离呈增长态势，城市机动化交通工具使得城市居民的长距离出行更加容易，出行距离的增加使得城市不断向外蔓延发展，古城的格局风貌容易被湮没在现代大城市扩张的进程中；其次，城市机动化要求比步行交通方式更多的道路交通时空资源，使得古城原本就比较薄弱的道路交通资源供给更加紧张，有时为了迁就城市机动化的要求而进行的道路改建扩建对古城的格局风貌造成严重的破坏。

古城内的道路交通系统仍然承担着现代城市的交通功能，为都市生活服务，因此需要不断完善古城道路交通系统结构功能以适应城市的不断发展要求。现代社会城市机动化的发展要求城市道路系统完善交通性功能以便于车辆快速通过，对此，需求既不能置之不理也不能一味迁就，需要保障城市中重要的交通产生吸引点之间交通服务水平在可接受范围之内，并提供完善的城市公共交通系统完成出行方式结构的转化。

为充分发挥古城区历史文化遗产的旅游价值，避免由于交通区位的不利影响使部分文化遗产得不到充分的关注，在被遗忘的角落里趋向衰落，有必要对古城区域的文化遗产资源进行相关交通组织设计，利用合理的出行链引导古城区域内的游客在各个文化遗产处观光流量的均衡。

交通规划应遵循旧城整体保护的原则，保持旧城路网的原有格局和传统街巷肌理与空间尺度。道路走向、红线宽度及交通设施的规模、布点都应结合旧城特点，采取相应的规划标准，减少对传统空间形态的冲击。

交通规划应落实从“车为本”到“人为本”的理念转变，提出未来旧城交通发展的相应政策和措施，以“调整交通结构，发展公共交通，限制机动车，鼓励自行车与步行”为目标。

6.3 案例分析

6.3.1 北京

以《北京市东城区综合交通规划》为例。东城区内属于北京旧城的面积为31.04km^2，占整个东城区面积的74.2%。其中历史文保区的面积为10.68km^2，占整个东城区面积的25.5%。东城内历史文化保护区共计10.5片，分别为：北锣鼓巷、南锣鼓巷、国子监、雍和宫、张自忠路北、张自忠路南、新太仓、东四三条至八条、东四南、皇城（含第一批南北池子、东华门大街、景山前、东、后街、五四大街）、东交民巷及鲜鱼口历史文化保护区。

该规划首先是一个“制约型”的规划。其一是东城基本为建成区，土地资源稀缺，交通设施增量十分有限。该规划是“存量规划”而非“增量规划”；其二是越来越强劲的文保要求，要求交通规划在旧城整体保护的前提下，协调处理好旧城保护与交通发展的关系，最大限度地保护古都风貌，同时改善交通。

在旧城整体保护的前提下，提出交通发展所面临的机遇与挑战：

1）东城区内74.2%的区域为旧城区，有大面积历史文保区以及众多的文物、古迹，需要在旧城保护的前提下，寻求旧城保护与交通发展之间的平衡点。

2）在建设世界城市窗口区、首都文化核心区的背景下，规划应如何提升东城区的交通品质，体现东城风貌与人文关怀，适应总体发展的要求。

3）东城区大部分为已建成区，可改造的空间有限，道路、场站等交通设施容量扩充余地小，如何提高交通系统运行效率。

从交通系统的功能定位来分析，东城区总体发展定位为：首都文化中心区，世界城市窗口区。首都文化中心区的定位要求东城区的交通必须与首都政务服务、旧城风貌保护、历史文化传承发展相适应，必须是一个高效、文明的交通体系；世界城市窗口区定位东城的交通体系必须是一个开放的、绿色的交通体系。而东城现状大部分为已建成用地，可改造的余量小，交通设施用地增量很小，因此，要求东城交通体系必须充分挖掘利用现有交通资源、精明增长的体系。

东城区综合交通规划确定如下6个方面的发展目标：

1）引导城市空间结构和功能布局优化，促进土地使用与交通协调发展，支持东城区经济繁荣和社会进步。

2）优化交通出行结构，进一步提高公共交通在东城区中长距离出行中的比例，并使步行和自行车交通成为东城区内部短距离出行的主导出行方式。

3）落实交通的以人为本，提升交通出行的品质，突出交通的精细化规划与设计。

4）逐步净化历史文保区机动车交通，创建适宜古都风貌、人本主义的步行与自行车交通区域。

5）缓解交通拥堵，改善机动车过境问题，完善道路体系，建立发达的道路微循环系统。

6）改善机动车停车问题，使其有序、高效。

对于历史街区，北京旧城内的历史街区又可细分为三大类：传统居住型、首都职能型和综合发展型。对于新太仓、东四南等以居住功能为主导的历史街区，交通的发展更注重交通出行的环境与品质，包括实施交通宁静化等手段；对于皇城等以首都职能为主的居住区，交通既注重交通运行的效率，也强调高品质的交通服务水平；对于南锣鼓巷、鲜鱼口等以综合职能为主的文保区，强调交通的效率，突出交通的保障作用。

以东西北片区为例探讨历史街区的交通改善规划。东西北片区，即东四十条至朝阳门内大街之间的区域。该区域历史可以追溯到元大都历史时期。区域长约 1km，宽约 0.75km；用地性质以居住和办公为主，居住人口约 2.5 万人，就业岗位约 3.2 万人，现状交通吸引力较强。区域内东西向胡同连续性好、南北向胡同连续性差。东西向胡同在 3.5 ~ 5m 之间，间距约为 100 ~ 150m；南北向胡同多在 3.5m 以下，间距约为 300m。

如大多数历史文保区一样，东四北片区现状交通特征如下：

1）胡同早晚高峰时期机动车流量相对较小，而非机动车流量较大；

2）地面公交布设于周边干道上，站点覆盖率（300m）约 90%；地铁站点位于区域东侧，轨道站点覆盖率（500m）约 50%；公交服务仍有进一步提升的空间；

3）缺乏机动车停车场，停车侵占胡同空间现象严重；

4）行人、自行车交通环境需要进一步改善。

规划研究确定东四北片区交通改善规划目标如下：

1）进一步优化该区域交通出行结构；

2）实现文保区交通宁静化；

3）规范停车，使其秩序化；

4）提高步行与自行车交通安全性与舒适性。

在深入调查与研究的基础上，结合规划的可实施性，制定东四北片区的交通改善规划方案包括如下主要内容：

1）政策层面——继续贯彻人口疏解政策，同时鼓励绿色交通出行；

2）胡同分级——不同的功能分级确定交通组织方式及断面形式；

3）增强公交吸引力——地铁衔接换乘、微型公交；

4）创造良好的步行与自行车条件——设立公共自行车租赁点、设置专用道；

5）多方式缓解停车难、乱——新建主要为居民服务的社会公共停车场，积极推进周边车位的共享实施；

6）交通宁静化——宜居的交通环境。

6.3.2 南京

以南京明城墙保护与相关城市交通发展为例[8]。

明代南京城墙围合范围乃南京老城，或称主城，范围则基本和现南京城区相吻合。明代南京城墙较好地实现了坚固城防与便利交通并举的策略。明代的十三门到清代有一定的变化，变为八门供居民进出。1895年，两江总督张之洞开筑贯通南京城区南北的主干道“江宁马路”。1909年，开通贯穿全城的“宁省铁路”，复开金川门，引铁路入城，标志着南京近代交通的开始。

新中国成立前，南京城墙防御功能正在逐步退化，“围”与“穿”的矛盾开始，1949年在战火下幸存的南京城墙已破败不堪，20世纪50年代中期进行有计划拆除，其围合界面多处被打破，虽然“穿”的问题解决，但城墙保护岌岌可危。20世纪70年代末南京城墙已注重考古发掘和保护，1982年7月29日南京市人民政府公布施行《南京市文物古迹保护管理办法》，其中“第13条”为南京明城墙制定；1982年7月16日公布施行《南京市人民政府关于保护城墙的通告》；1982年8月2日公布施行《南京市人民政府关于保护城墙的通知》。

但是，由于城市快速发展，破墙开洞已成增长趋势。这其中，有1990年新开的集庆通道，由东南大学潘谷西教授谨慎设计，坚持后开的通道不叫门，形式上也明确区分古今的差异，确保了城市交通与城墙保护的协调。但也有21世纪以来诸如察哈尔路西延、紫竹林路、芦席营路、鸣羊街实施或计划开墙破洞，结果于2007年因遭质疑而停工“深思”的实例。但总体来说，南京破墙开洞是慎重的，一些行而又止的“彷徨”实质体现出历史城市在保护和发展中的困惑。

南京的城市规划学者就南京城墙的“围”与“穿”的问题，提出规划、见解及建议如下：

1）从整体的观念入手，认识南京诸城门和相关道路的关系和价值

参照世界遗产的真实性、完整性和延续性的要求开展，从而依此对城门（通道）在价值上分出等级。其次，对南京和诸城门（通道）联系的道路进行价值评估，尤其重点考察南京在都城建设时期形成的重要的、对南京格局有重要影响的道路，如中华路、御道街、中山大道等。在此基础上形成最具重要价值的城门（包括遗址）和重要道路的相关联系图。

2）在上述判断的基础上，建立如下基本原则

对于重要历史道路和保护较好的城门节点形成的道路网，建议严格保护，基本不作为城市交通发展的线路，虽然其中有些道路在历史上是宽阔的主要道路；反之，今天或将来可以拓展或延伸的道路，从历史上不重要的、价值等级最低的开始选择。这种成逆反的关系也可以依此类推，即遗产价值比较低的道路以及在相应城墙节点上已不存遗迹的路线，可以作为道路发展的参考。

3）从实践中，总结几种可借鉴的方式

“富贵山”平交隧道模式——由于富贵山有足够的高度，所以这种模式既解决了交通，同时又不破坏原来城墙遗址的构造，也没有影响山体及轮廓线。南京城墙的一大特点就是因地制宜而形成许多段骑山、架山的筑城方式，如果在“穿”的选择上，选择在骑山和架山的一些地段，在有足够的山体高度保证下，采用“富贵山”通道模式，能在保护城墙不破坏基础、不涉及墙体的结构和外观的情形下，有效解决道路的发展问题。

隧道下穿模式——在解决穿越城墙时，这是一种常见的思路和模式。问题主要有两方面：一是要充分保证城墙基础不受影响；二是“入地”和“出地”要有足够的坡道长度，所以在选择路线时要精心、慎重，同时施工方案要充分论证，以保证城墙安全不受到影响。南京的“通

济门”隧道应该属于这种类型。

局部环路模式——南京城南比较适宜形成局部内环路或内外平行路以成局部外环路，以便进行引导和疏解，在有效利用历史形成的门和通道的同时、在不另行增加门道的情形下，解决“围”与“穿”的问题。同时，在城墙边开辟道路，并与绿化隔离带结合，能够有利于维护城墙的环境和本体保护。为更好地保护古城墙，规划的环路车行道路等级不得高于支路，对通行的车辆进行控制，以减少由于震动给城墙带来的隐患。

6.3.3 西安

西安市借鉴国内外交通规划研究成果，并结合自身交通发展的特点，开展了综合交通规划研究，制定了交通发展的总体政策。即实施全面的一体化的交通发展战略，构筑以轨道交通为骨干、常规公交为主体、各种交通方式协调发展的一体化的交通体系。各种功能等级的道路分层次地合理衔接，不断优化道路功能，最大限度地提高道路运行效率，全面整治旧城区的交通状况，在市中心优先发展公共交通。

西安的城市布局形态呈单中心聚集形态，城墙内的城市活动对交通的吸引力强，鼓楼和城区成为全市交通的聚集点。目前随着线外围的迅速发展，涌向市中心的车流大幅度增加，使得旧城的交通压力日益加大。为缓解中心城交通压力，避免向心需求加快，保护旧城，采用“疏、堵、分散”相结合的方法。

疏——疏通道路瓶颈，建立以城市中心为基点，向外围辐射的公交网络；

堵——通过停车收费，限制中心城停车泊位数量等方法，对进出城车辆进行控制，将小汽车出行量控制在一定的范围内，将大量外来小汽车交通排除在城墙外；

分散——分散中心城的土地使用功能，将现有部分职能外移，并在外围有一定条件的区域兴建公共商业设施。

城市交通发展战略必须满足古城保护的要求，起到对中心城交通

“疏、堵、分散”的作用。

西安以历史城区的保护和发展为背景的前提，进一步落实宏观交通发展总体政策，在历史城区完善和改造过程中，使交通改善更好地为历史城区的风貌格局和传统文化区保护服务，制定以下历史城区交通发展策略[9]：

①合理布置历史城区的路网，挖掘现有道路潜力，保证交通的“通”和“达”；

②限制穿越性交通在历史城区内的行驶，尽量减少城区内部的交通压力；

③控制历史城区交通需求总量的增长，重点发展公共交通和轨道交通；

④提供适度的停车设施。

6.3.4 国外城市

机动化的发展使西方很多历史城市面临着交通和环境恶化的问题，为满足城市交通功能的需要，很多城市采取交通措施管理与城区道路改造工程相结合，完善必要的城市基础设施，其主要思想是根据道路性能与等级实现人车分离，保障城市交通的通畅及街区的安全与热闹(Safety and Crowdy)，引导小汽车交通出行转化为大运量地下轨道或城郊快铁的出行方式，并辅助以公共汽车或其他富有城市特色的交通工具接驳，构建覆盖全城的公交运输服务网络，与配有绿化设施的步行与自行车交通环境紧密结合，提升城市的人文魅力。

荷兰鹿特丹市中心区通过在中心区附近设置充分的停车场所实现了人与车的分离，保障了行人通行的优先权。

巴黎城区严格限制小汽车的进入，通过完备的地铁和公交系统保障城市交通出行的准时和畅通。

慕尼黑通过改造步行街区，由地铁取代小汽车，恢复了被汽车交通所破坏的欧洲老城传统的亲切宜人的生活空间，提升城市活力。

荷兰代尔夫特的街心公园（Woonerf）采取了设置尽头路、改变车行道线形、设置路障等措施排除过境交通，并使机动车速降到步行速度的水平以实现人车共存。

英国达文郡倡导宁静交通以改善城市环境，指导驾车者安全驾驶同时鼓励市民使用城市地下铁道和快速列车。

意大利锡耶纳市的坎波广场保留有很多的古代建筑，但随着城市机动车数量的增加，广场被当作汽车停车场而被汽车占用，为降低机动车对于古城的影响，1965 年锡耶纳市颁布了城市条例禁止在坎波广场停车，随后又在三条干线道路上禁止私用汽车通行，在窄街道执行了限制汽车通行等一系列措施对进入锡耶纳市的汽车加以限制，同时在城市外围设置停车场，保障在古城内以步行交通为主要出行方式，以增加中世纪城市的吸引力。

日本伊势市对于街道采取“脱鞋入室”的策略，只允许最低限必要车辆的进入，以尽端式、L 形环、U 形环及梯形式等道路布局建立交通网络体系，以商业街林荫道等设计创造良好的步行空间。

巴塞罗那市为了保护城市的历史核心区并促进城市的发展，根据城市规划师塞尔选提出的新城市扩张计划，明确限定了巴塞罗那历史核心区的范围并加以实施保护，其外围道路网络的棋盘式路网格局结构与老城的路网布局形态截然不同，形成鲜明的对比，新城通过对角线布置的街道与城市历史中心区相衔接，既保障了历史核心区的必要交通，也避免核心区在现代交通影响下受到过度干扰。

有一些历史旧城采用通过对城市规模的控制，使古城的格局风貌得到了妥善的保存。如意大利锡耶纳古城是一座具有欧洲哥特文化的城市，城市内几乎原汁原味地保留有中世纪的格局，当许多城市热衷于不断扩张进行城市现代化建设的时候，锡耶纳则始终将城墙作为区域保护的要素控制着城市的扩张，同时利用交通管理措施把机动化交通基本隔绝在城外，从而避免古城遭受汽车的侵害。城市内的主要街道汇集到中心坎波广场，形成城市内的中轴线。

第7章 以人为本

7.1 概念解析

“以人为本”的思想最早可以追溯到古希腊时期。普罗泰戈拉提出“人是万物的尺度”。这一命题标志着智者派把哲学研究的对象由自然转向了人。英国学者阿伦·布洛克在《西方人文主义传统》中指出,“古希腊思想最吸引人的地方之一，在于它是以人为中心，而不是以上帝为中心。”到了近代，以人文主义思潮兴起为标志的欧洲文艺复兴，把人对神的崇尚，转向对人自身的崇尚。在西方哲学史上，费尔巴哈对人的本质的认识具有特殊重要的意义，他的人本主义思想，是马克思主义人本思想形成的重要理论来源。马克思主义认为，社会发展的动力来源于人自身，社会发展的目的是为了实现人的全面而自由的发展。

而交通规划中的以人为本，体现在“平等”与“保护弱势群体”两个方面。“平等”就是强调每个交通参与者的公平性，核心是对交通资源公平占有。各种交通方式的效率不同、占有的交通资源不同，应当支付不同的社会成本，但现状是占有较高交通资源的交通方式并没有付出更高的代价。根据“平等”原则在交通规划中考虑每个交通出行者的通行权、道路资源使用权和占用权都是平等的。实现交通结构的优化，路网的合理配置，完善慢速交通和公共交通系统的规划，对于提倡公平性原则至关重要。

“保护弱势群体”是交通以人为本的又一重要体现。交通规划中应首先确保“安全性”，在行人、非机动车与机动车辆共同存在的交通环境里，一旦发生接触冲突，行人、自行车骑行者更容易受到伤害，甚至造成严重的后果。因此，从确保人身安全的角度来看，行人、自行车骑行者是特别需要加以保护的弱势群体。

以人为本不仅是处理人与车关系需遵循的原则，更是处理城市交通系统各种关系时必须坚持的基本理念。以处理交通管理者和被管理者之间的关系为例，因势利导就是指管理时要从被管理者的需求出发，换位思考，为被管理者创造安全、畅通的条件，本身就是以人为本的体现，而不是单纯的为管理而管理，城市交通系统十大关系及理念见图 7-1。

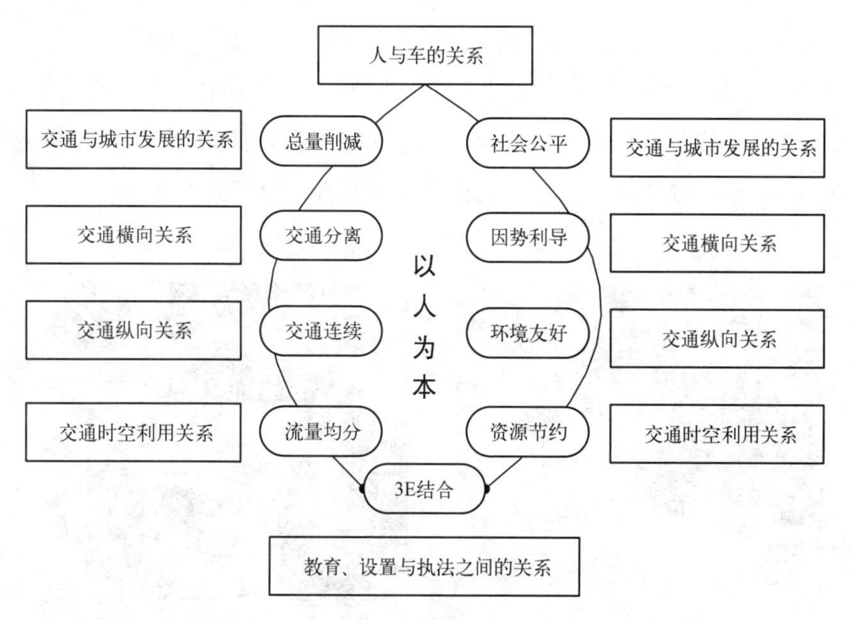

图 7-1　城市交通系统十大关系及理念

7.2　案例分析

7.2.1　以人为本与步行、自行车交通

1）人行道的建设不能“重车轻人”或“以车为本”

不论是驾驶人、乘车人还是骑车人，都离不开步行，步行是整个交通出行过程不可或缺的环节，步行是贴近百姓需求的绿色健康交通方式。要将人行道还给行人，为在 2 ~ 3km 距离内选用步行创造条件，同时，为步行换乘公交创造条件，减少一部分小汽车出行。

在处理人与车之间的关系时，不仅要考虑车辆通行的需要，更要充分考虑行人交通，确立行人优先意识。从现实情况来看，在我国城市中，为增加机动车道挤压自行车和行人步行道的现象还普遍存在。而在一些交通文明程度相对较高的国家，行人交通和机动车交通受到同样的重视，人行道宽敞、洁净，还配备有供步行者休息的座椅。

在伦敦，包括步行在内的步行与自行车交通建设受到越来越多的重视。按照市长战略，努力打造一个适合健康步行的伦敦，其中有多项措施要在城市中多个区域打通步行断头路，并制定了详细的规划。图 7-2 中示意箭头为目前行人可以通行的支路，可以看出一些支路没有疏通，而图 7-3 中示意箭头为计划打通供行人通行的支路。

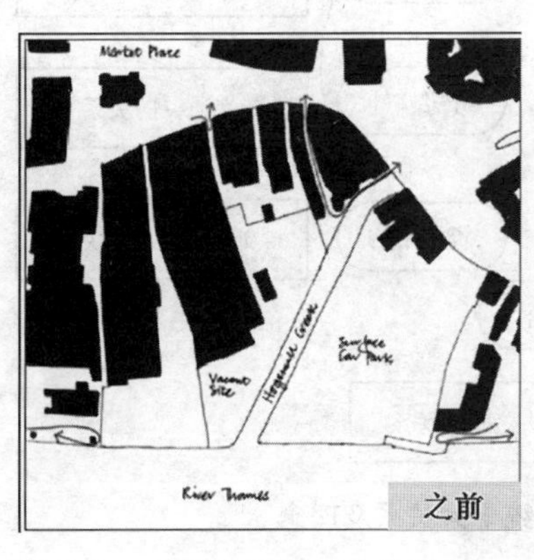

图 7-2　计划打通断头路前的路网

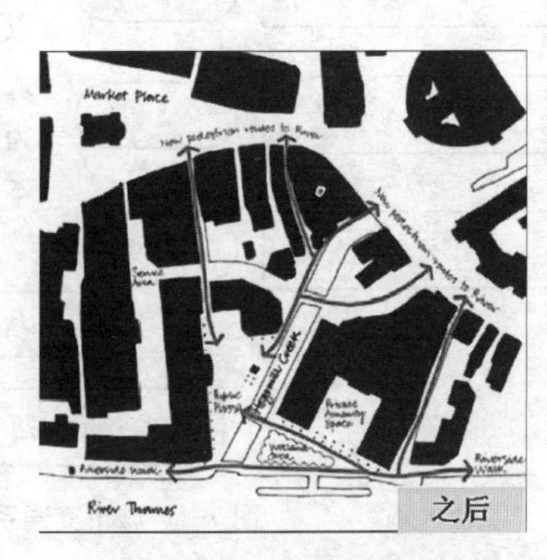

图 7-3　计划打通断头路后的路网

在韩国，首尔市政府前，在 1999 年是机动车的天下;到了 2004 年，限制了车流，增设了大片绿地，在兼顾机动车通行的前提下，改善了步行和休闲环境。

行人交通信号的设置同样在细节之处体现着对以人为本理念的理解。我国部分城市为了便于机动车的通行，在交通信号设置上同样存在重“畅通”而轻“安全”的理念，为了保障机动车的畅通，行人的过街红灯信号远远超出了人们能忍耐等待的限度，人为造成行人不遵守红灯横穿马路。相比之下，日本东京在一些行人过街需求大的的区域，为了照顾行人安全通过马路，设置了一些行人四面绿灯的信号。

2）以人为本，必须重视行人过街设施的建议

安全岛是行人横过马路时的安全保护伞，能为行人提供有效的安全空间，道路规划和建设要给予充分的重视。在欧洲许多国家，安全岛都作为路口渠化的“标准配置”，不论是宽道路或者是较窄的道路，都设置有安全岛，并且在安全岛上设置护栏、反光发光标志等配套交通安全设施，最大限度地保障了行人的通行安全。

3）以人为本，就是要处理好安全与畅通的关系

在城市交通中通畅与安全都重要，但在市中心区域，行人的“安全”比车辆的“通畅”更重要。对于一个社会系统工程来说，必须兼顾效率与公平，特别是在城市中心区要多考虑社会公平性，要多照顾行人与自行车等交通弱者。可以将车行道从两侧特意变窄，既可以实现机动车减速又可减少人行横道的长度，以利于行人安全过马路。在一些限速区域，路面上设置一种特殊的减速带，只要车辆对准减速带不直接压上就不会有颠簸，在关照行人的同时，对驾驶人也体现了人性化的关怀。

4）以人为本，必须为自行车出行创造良好条件

鼓励自行车交通为代表的绿色出行，应该在路权分配上给予保证。在我国，自行车道被停车占用的现象十分普遍，骑车人只能在机动车内骑行。要着力恢复与调整自行车道（如宽度可定为3～5m），建立健全自行车路网系统。在英国，自行车交通量只占2%，交通事故死亡人数只占4%，但是在路权分配上也要得到照顾，这就是社会公平性。

7.2.2 以人为本与停车管理

1）日本东京成田机场停车场里的以人为本

停车场的主要功能是停车，但是考虑到驾驶人、乘车人在上车和下车后都需要在停车场内通行，就应该设置行人通道。在东京成田机场停车场里划有清晰的“步行者专用”的标线和标志，方便乘车人和驾驶人安全有序通行。在停车场里设置有告示牌，提示“乘车人是女人、儿童和老人或者是女士驾车，请尽量把车停在1楼”。

2）英国利物浦市停车楼里的以人为本

在这个停车楼里限速标志、连续的彩色人行道、出口指示标示一应俱全，交通工程设施的完善程度与路面上没有区别，满足了安全通行的需求。如在路面上施划清晰的限速标线，铺装连续的彩色人行道网等等措施。

3）停车位的设置关照弱势群体

弱势群体出行需要得到照顾，在停车位的设置上应充分考虑到这点。公共停车场需预留一定比例的停车位作为残疾人停车位，通常设置在便于残疾人通行的区域，停车位的宽度大于普通车辆停车位宽度。为了照顾带婴幼儿出行的驾驶人，还设置有母子停车位，停车位一侧加宽，便于用小车推婴幼儿上下车。

4）医院、药店前的临时停车位

生命权高于一切，在药店前即使可能影响交通或按照规定不能施划停车位时，根据生命权高于路权原则也应该设置临时停车位，这是停车交通中的以人为本理念。在巴西库里蒂巴，药房门前设置有临时停车标志，可以临时免费停车15min。即便在路口附近，由于是药店前方，也设置有临时停车位。在我国的广州，交通繁忙的窄街上妇幼保健院门前也设临时停车位。

7.2.3 新加坡以人为本高品质公共交通规划

新加坡[35]很早就在交通规划中融入优先发展公共交通体系的导向，以公共交通带动城镇土地开发。在1965年制定概念性规划时，政府就将为公众提供方便快捷的交通服务放在首位，超前规划，为公共交通预留了充分的发展余地。新加坡将城市公共交通作为一种能与私人轿车竞争的、高品质的交通方式来定位，着力于提高公共交通出行体系的服务水平，使其更受各阶层人民的欢迎。对车辆拥有进行管制以及对车辆使用进行限制的道路拥挤管理策略，如果不配以发达的公共交通体系，群众的出行无以保障，政策的落实也就成了无源之水；而高效舒适的公共交通系统，如果不辅之以道路拥挤管理策略，导致的结果是两种出行方式都达到不了目的地而两败俱伤，被牺牲的是民众出行的权利。二者相辅相成，互为依托。

新加坡《陆路交通检讨》中指出只要打造一个易使用、高效率、舒适安全、通畅可达的公交系统，“我们可以让公共交通工具成为你的另一辆私家车”。为人服务是公共交通体系的终极目标，所有政策的目标指向，都应着眼于为人提供便利，而非让人为物所累。

1）从家到车站：完善的行人设施

新加坡地处热带，一年之中有 2/3 都是雨天，而一天之内的天气往往又变化多端，为出行的人带来了极大的不便。从家门口一直延伸到公交车站的加盖通道解决了人们的后顾之忧，让乘客免受日晒雨淋。政府将组屋区集中建在地铁、公交、轻轨车站附近，从家到车站的步行距离基本不超 400m，步行或骑车时，目之所及，往往是绿色、宁静的景象，而且非常安全，不用像在国内某些城市那样要时刻担心会被后面飞驰而过的汽车刮倒。

面对即将步入老龄化社会的现实，新加坡还重视打造“无障碍”空间，确保公共交通服务可供所有人使用，人行道、地铁站入口、的士站和巴士站都将无障碍通行，地铁站配备自动扶梯，并至少有一个无障碍通道，配有上落电梯，巴士也安装了可供轮椅、推车上下的设施，为年长乘客、有幼童的家庭、残疾人等提供便利。到 2020 年，所有公共巴士都将适合轮椅使用者使用。

2）从上车到下车：舒适的乘车环境

“拥挤”是国内大城市上班族每天最痛苦的体验，但在新加坡这个拥挤狭小的国度，人们完全体验不到像北京、上海、广州的地铁、巴士那样近乎疯狂的拥挤。其疏解之道主要有两条：一方面，换乘场所空间宽广、容量大，位于中心商业区人流量最大的南北线和东西线交汇处还同时提供两个相邻的换乘站点，有效分散人流；另一方面，增加繁忙时段地铁、巴士班次，缩减候车时间，减少拥挤，提高效率，快速输送客流。

巴士到站时间的失控、无序是国内公共交通使用者的一个杀手：有时苦等半个小时不见一辆车，有时一来同时出现两三辆，使得乘客无法准确估计路程所需时间，极大降低了公共交通对公众的吸引力。而新加坡对巴士到站时间有着严格的要求，从2009年8月起，在繁忙时段，每5辆巴士中，至少有4辆将每隔10min行驶一趟，并规定在每个站点到达时早不能超过1min，晚不能迟到2min，使乘客可以按估计的时间放心出行。

3）从下车到目的地：欢快的旅程体验

新加坡政府规定路面施工时各种管线须一并埋好，完工后两年内不得随意开挖，所以绝不会发生乘客下车后发现路被挖得无处可走的窘境；而完美的路面雨水收集系统确保不会发生水浸街，路边及地下宽阔的沟渠排水通畅，所以也不会发生一场暴雨过后，乘客出了地铁还要淌水“过河”的景象。乘客一下车，头顶上便有廊棚遮盖，众多综合性交通枢纽可以满足乘客饮食、购物、休闲娱乐各种需求，客流绝不会因无处可去而在车站聚集。

新加坡大到交通发展战略、总体规划，小到站台设计、行人设施、标志标线等等，凡涉及公共交通体系的所有政策制定和出台，都以“以人为本”、“高品质”为内在要求。正是这一系列以人为本的政策措施，才打造出世界一流的高品质公共交通体系。这为我国各大城市、都市圈的公共交通体系建设提供了极好的参考和借鉴[35]。

第 8 章　绿色低碳

8.1　概念解析

8.1.1　绿色交通

绿色交通（Green Transport），广义上是指采用低污染、适合都市环境的运输工具来完成社会经济活动的一种交通概念。狭义指为节省建设维护费用而建立起来的低污染，有利于城市环境多元化的和谐交通运输系统。

从交通方式来看，绿色交通体系包括步行交通、自行车交通、常规公共交通和轨道交通。从交通工具上看，绿色交通工具包括各种低污染车辆，如双能源汽车、天然气汽车、电动汽车、氢气动力车、太阳能汽车等。绿色交通还包括各种电气化交通工具，如无轨电车、有轨电车、轻轨、地铁等。

绿色交通是一个全新的理念，它与解决环境污染问题的可持续性发展概念一脉相承。它强调的是城市交通的“绿色性”，即减轻交通拥挤，减少环境污染，促进社会公平，合理利用资源。其本质是建立维持城市可持续发展的交通体系，以满足人们的交通需求，以最少的社会成本实现最大的交通效率。

根据可持续发展交通的含义，从大的方面来说绿色交通需要遵循以下原则：

（1）平等性原则：当代人与后代人享有同等的发展权利。

（2）协调性原则：协调好以下关系，一是城市道路交通与土地使用质量之间的关系；二是交通与环境之间的关系；三是交通供需平衡关系；四是协调动态、静态交通的关系；五是市内交通与市外交通的关系。

（3）平衡性原则：坚持土地混合利用规划建设布局模式，尽可能实现居住与就业就地平衡，减少出行量。

（4）延续性原则：注重地方传统风貌以及历史文脉的延续与现代化经济发展的协调，不断充实地方特色。

绿色交通理念应该成为现代城市交通规划的指导思想，将绿色交通理念注入城市交通规划的决策之中。具体来说：

1）高度重视交通与土地利用的整合规划

交通系统要支撑城市功能和空间发展战略的实现，交通规划设计要与周边的用地性质相协调。因此，在规划中要引进交通与土地利用的互动机制。TOD 模式是实现交通与土地利用整合发展的途径与手段，既是阻止城市无序蔓延的一种可选方法，也是一种特殊的土地开发模式。其核心主张是紧凑布局、混合使用的用地形态，提供良好的公共交通服务设施，提倡高强度开发以鼓励公共交通的使用，为步行及自行车交通提供良好的环境。

2）扎扎实实落实公交优先战略，推进城市公交、自行车加步行的城市交通模式

无论是可持续交通，还是绿色交通、低碳交通，其核心本质都将是建设以公交为主导的城市综合交通系统。因此，全面规划、精细设计公交系统，是城市交通发展战略的核心环节。实施公交优先应采取系统对策，公交优先的成败在于细节，精细设计上要真正落实公交优先。步行是城市居民重要的出行方式，大多数城市步行交通分担比例均在 20% 以上，有的甚至高达 50% 以上。一个与城市发展相适应、与公共交通一体化、无缝衔接的安全、舒适、方便、高效、低成本的自行车与步行交通系统，有助于打造舒适、健康、可持续发展的高品质城市。长距离、高强度的出行需求由公共交通来完成，衔接交通、短途出行由自行车加步行的交通方式来解决，这是一种可持续发展的绿色交通模式，有条件的城市应向此方向努力。

3）提高道路网络建设的合理性，处理好城际交通与城市交通的衔接问题

在我国城市掀起基础设施建设高潮的同时，道路网络建设的合理性问题日益凸显。我国部分城市目前存在过分追求宽而大的道路，且

对行人、非机动车交通空间轻视、蚕食的现象，这与绿色交通的理念背道而驰。宽而稀疏的道路网络通行能力低、不便于交通组织、造成过多的交织行为和行人过街的极大不便。在道路网的规划设计中，首先要强调道路性质与周边用地的协调，不同性质用地决定了道路的不同功能，进而决定了道路的横断面构成和道路交通管理方案；其次，应注重道路的级配结构和连通关系，避免左转车辆严重阻碍对向直行车流以及直行车流妨碍右转车辆进入右转专用车道等现象。

8.1.2 低碳交通

低碳交通最早提出于丹麦哥本哈根的《联合国气候变化框架公约》第十五次缔约方大会，在国际社会呼声不断以及我国自身经济发展方式亟待转变的双重推动下，我国政府明确提出了发展低碳经济的目标。而该目标的重要内容之一就是要实现城市交通的低碳。

一般来说，低碳交通是社会低碳经济发展在交通领域的一种实现方式，它是以实现交通领域可持续发展为指导方针，以降低交通工具温室气体排放量为根本目标的低能耗、低排放、低污染的交通运输发展方式。主要包括交通节能减排、交通环境保护、交通循环经济以及交通科技与信息化等四大核心内容，见图 8-1。

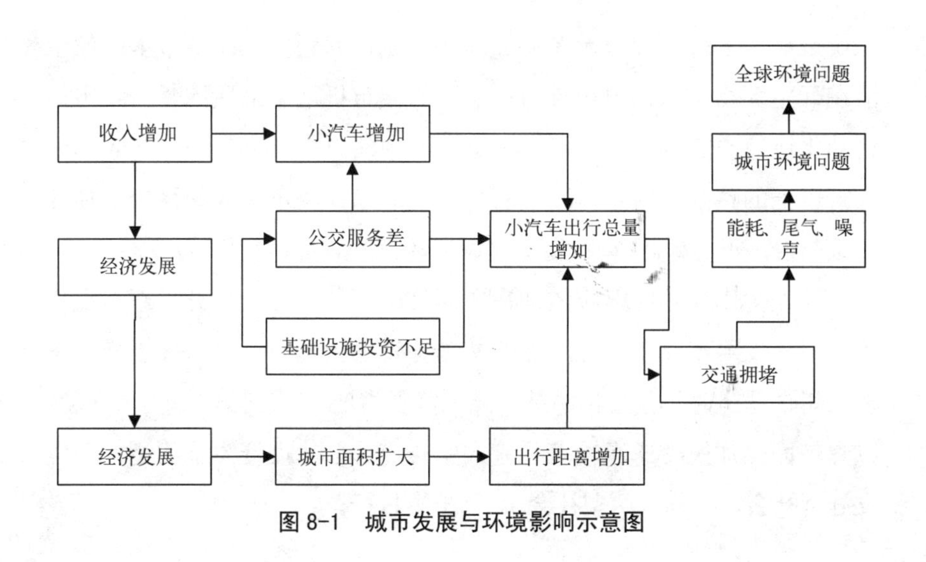

图 8-1 城市发展与环境影响示意图

交通运输业是国民经济及社会发展的基础性行业，在其快速发展进程中，面临着巨大的资源、能源、环境的压力与挑战。而低碳交通就是要在节约资源、控制能源、保护环境的情况下实现交通领域的可持续发展 [11]，见图 8-2。

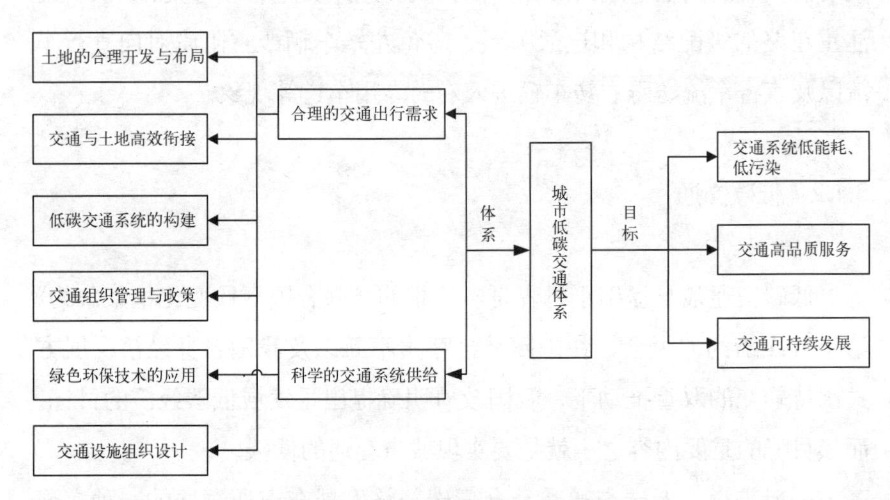

图 8-2　低碳交通体系与目标规划

随着社会经济的蓬勃发展，为满足日益增长的交通需求，近年来我国进行了大量的道路交通基础设施建设，路越来越宽，车速却越来越慢，道路建设的步伐始终难以赶上车辆增长的速度。而机动化的快速增长，也引发了诸如城市环境的不断恶化，城市能耗的日趋加剧，老城衰落、步行者安全无保障等一系列城市问题。人在城市里就像生活在野生动物园中，出行自由被层层的城市机动车道所圈禁，城市的机动化快速交通剥夺了人们在街道空间中的自由与祥和，行走于林荫人行道上的悠闲与惬意，城市的基本功能以及城市对人的终极关怀被严重忽视。正因如此，全社会对建设低碳、和谐城市的呼声日渐高涨 [10]。

低碳交通规划原则应该是在全面贯彻可持续发展指导思想，积极落实科学发展观以及节能环保的基本国策的前提下。以科技创新、管理创新带动交通行业结构调整，强化监督力度，节存限增，奖节罚超，以点带面，加快交通运输发展方式的转变，以建设资源节约型、环境友好型社会（简称“两型社会”）为根本目标。

具体说来主要应遵循以下基本规划原则。

(1) 要坚持以低碳发展模式来引领交通运输的发展;

(2) 要始终坚持改革与创新、不断调整转型发展方式，坚持可持续发展;

(3) 要秉持以点带面、点面结合、重点突出、分类指导、分布推行的原则;

(4) 要坚持以政府为主导、企业为主体、全社会参与的原则。

要有效地开展低碳交通的实践活动，探讨发展低碳交通的主要因素则是实现低碳交通的前提条件。可以从减少城市道路网内机动车辆的数量、降低城市交通的需求量、制约机动车辆单车排放量，调整机动交通整体化运行状况、改变城市出行者的交通出行行为特征等五个方面的因素来考虑，见图 8-3。

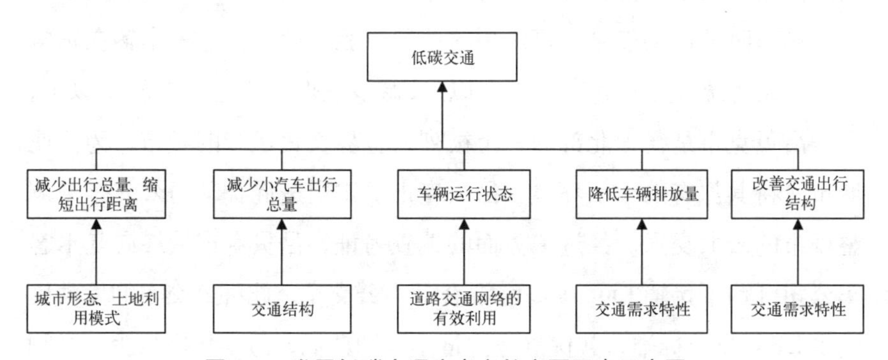

图 8-3　发展低碳交通应考虑的主要因素示意图

8.2　案例分析

8.2.1　公共交通及其绿色化

城市地面公共交通可以分为常规公共汽车、快速公共汽车、无轨电车、出租汽车。国内外大多数城市采取引进现代新型公共汽车，建立快速公交系统，采用混合动力出租汽车来改善城市环境，减低能源消耗 [12]。

1）常规公共汽车

随着绿色运输时代的到来，大中城市淘汰了大量的耗能严重、排放超标的原始公交车辆，取而代之的是现代的具有绿色低碳功效的，技术含量较高的新型公交汽车。这些公交车包括了混合动力型公交、LNG 公交以及纯电力公交。

① 混合动力型公交。中国于 2005 年开始了混合动力汽车的研究，2006 年之后在上海等城市先后进行了试运行。现在普遍应用的混合动力公交系统一共有 3 种：串联式混合动力系统、并联式混合动力系统、混联式混合动力系统。

各大城市引进混合动力公交系统，主要是因为混合动力汽车可以在节能的同时减少汽车尾气的排放量。

温室气体都相对较少，可以有效地保护环境。2007 年出现在北京国际商用车展上的液压混合动力城市客车，运用液压动力系统回收公交车刹车时的制动能量，再运用这些能量驱动汽车，这种车辆在正常工况下比传统公交能够节能 25% 以上，减少黑烟及其他排放 35% 以上。

吕贝克市是德国北部的一个被列入世界文化遗产的城市，为了使城市保持其原有的生活环境，吕贝克市决定引进混合动力公交车来调整城市的公共交通。经过多方面的调查考证，吕贝克市最终向曼卡客车公司订购了 5 辆 Lion' s City 混合动力公交车。此种公交车的发动机满足 EEV 排放标准，其优点是排量小，油耗低，污染物排放少，经测验此车降低燃油消耗和二氧化碳排放量高达 30%。

美国在 1998 年的时候就引进了串联式的混合动力公交车，目前有超过 500 辆此类公交车在纽约、多伦多和旧金山等市运营。不论是国内还是国外，混合动力公交车的低成本和绿色性都已得到了证实，此类公交车也渐渐投入到了每一个城市的运营之中，其优势还会在今后的应用中慢慢地展现出来。

② LNG 公交。LNG 因其安全、环保、高效、经济等优势，渐渐被应用于新能源汽车中，天然气储存在车用 LNG 储罐内，经过汽化装置，将气体供给发动机燃烧。由于其对环境的“零污染”，昆明、珠海、梅州等地都先后将 LNG 公交投入使用。LNG 公交车在与传统公交车

的对比中，显示出了优越的环保能力，接近“零排放”的尾气排放量，使其综合排放降低约 85% 左右。其中 CO_2 减排量为 24% 左右，CO 排放减少 97%，HC 减少 70% ～ 80%，NO_x 减少 30% ～ 40%，SO_2 减少 90%，微粒排放减少 40%，噪声减少 40%，无铅、苯等致癌物质，基本不含硫化物。这样的环保能力，不仅改善了我们的生存环境，还给乘客的带来了更舒适的乘车环境。

③ 纯电力公交。2008 年北京举办奥运会期间，成功运营和纯电力公交车，其环保性能得到了广泛认可。2009 年的夏季达沃斯峰会，大连第一次引入纯电力公交，这 10 辆纯电力车在此之后就投入到了大连的城市客运当中。这种纯电力客车 1km 耗电量为 1.4 度，比普通柴油汽车节省一半。在整条公交线路中，有两个电动车充电站，为电动客车提供充电服务。此种公交车不存在排气管，这就意味着零排放是真正存在的，对环境是没有污染的。

2）快速公交

快速公交系统简称 BRT，是一种介于快速轨道交通与常规公交之间的新型公交客运系统。BRT 系统主要包括专用路权、现代化车辆、人性化车站、运营服务系统等。这几个核心部分的共同作用使得快速公交成为人均能耗最低、人均碳排放量最低、常规污染物排放最低的机动化交通方式。快速公交最早起源于巴西，之后在世界范围内得到了推广。近年来，快速公交开始在中国迅速崛起。

快速公交的环保性表现在两方面：缩短了车辆的在途时间以及采用了现代化的环保车辆。

专用路权使得 BRT 拥有自己的专用线路，提高了快速公交的独立性，减少了高峰时段因拥堵而造成的等待时间；水平登降、车外售票的设计可以使乘客快速而平稳的上下车，减少因乘客而延误的时间；部分城市的公交信号优先使得快速公交在交叉路口处的等待时间大大缩减。这些都减少了车辆在途时间，降低了能源消耗，减少了环境污染。快速公交采用的是大容量的环保型车辆，大容量的性能可以减少同向行驶的路面常规车辆的密度，从而减少车辆的尾气排放量，并且能够节约能耗保护环境。

现在我国的部分城市如北京、大连、济南、昆明、杭州、郑州、常州、厦门、广州等地都已经建设起了快速公交线路，这些城市都取得了一定的成果。常州的快速公交系统开通后，年均节约燃料 85.6 万升，相当于减少了 6000 t 左右的碳排放量，这无疑是一种改善温室效应的有效方法。快速公交的建立使得城市道路公共交通向高效、节能、低碳、可持续发展方向迈进了一大步。

快速公交起源于巴西的库里蒂巴市，此种公交系统最初是为了解决交通拥堵问题而建设的。该市新的公交系统（以快速公交系统为主）从 1974 年开始建设，其核心是按快速公交的理念合理规划全市公交网络。全市的公交网络是以五条放射状的快速公交道路为主，用环形的道路将快速公交道联成网络状，并辅以补给线路。中国虽然有许多城市都设立了快速公交，但其系统并没有像库里蒂巴市那样完善。库里蒂巴市的快速公交真正地做到了全封闭的专用道路，任何车辆不得进入。

波哥大是哥伦比亚的首都，一度因交通拥堵、城市环境恶化而著名。为了改善其交通状况，波哥大于 1998 年实行了新的交通改革策略，历经 3 年时间，形成了具有自己城市特色的快速公交系统。曾经波哥大市的交通速度缓慢且行车效率极低，95% 的道路被总共约 100 万辆的私人小汽车占用，而这些私人小汽车只运送总人口的 19%。为了解决城市的环境和交通问题，波哥大市将快速公交专用道建在了市中心的主干道上，将部分路段设置成单循环车道，还将有的路段设置成为完全禁止私家车行驶。波哥大市在实施新的快速公交系统后，有效地将乘客的公交出行时间减少到了原有的 68%，而城市中的废气排放量减少了 40%。

世界各国有许多应用快速公交系统而改善城市交通和环境状况的成功案例，快速公交通过其特有的系统优势，不仅能节约运行时间，减少燃油消耗，还能有效地降低尾气排放，改善城市环境。

3）混合动力出租车

一直以来，出租车都是每个城市不可或缺的交通工具。随着人们生活水平的提高，越来越多的人都开始选择以出租车代步。随之而来的不仅仅是出租车数量的逐年增加，还有它所带来的环境污染也日益严重。

北京在奥运会期间，将混合动力型出租车投入运营。北京的混合动力出租车采用的是燃油发动机和电力发动机互补的工作模式，以发动机和电机扭矩进行叠加的方式进行动力混合。与传统轿车相比，在城市路况正常的情况下可节省燃油 10% ~ 15%，减少 CO_2 排放量约 12%。

油气混合指的是，汽车启动时用汽油，当发动机温度上升到 30℃时，自动切换到用液化气。之所以选择液化气是因为液化气在发动机中容易与空气均匀混合，燃烧比较完全、干净，不容易产生积碳，抗爆性能良好，并且不会稀释润滑油，从而可以大大减少发动机汽缸内的零件磨损，延长发动机的寿命和润滑油的使用期限。

韩国首尔在 2009 年的时候开始正式将混合动力出租车投入使用，这 10 辆混合动力出租车是以液化石油天然气为燃料，排出的二氧化碳量仅为一般车型的一半左右，一氧化碳和氧化氮排放量较之一般车型减少了 2/3 和 9/10。

英国伦敦街头近年来也出现了燃料电池混合动力出租车，这款车的燃料电池是由 Intelligent Energy 的氢燃料电池系统和锂聚合物电池共同驱动的，这样的出租车除了水蒸气以外不会有其他气体排出，实现了出租车的零排放。

出租车与公交车一样每天都行驶在城市的各条街道上，其对能源的需求量是巨大的。将出租车进行混合动力改造，可谓一举多得，不仅可以节约能源，还可以保护环境，更为出租司机节省了燃料费用。

城市道路公共交通可以说是每个城市最基本的基础性设施，其环保能力直接决定了该城市的环境状况。统筹规划公交路线，建设综合性换乘枢纽，修建公交专用道，引进新型环保车辆，将这些措施合理地结合起来，努力使城市道路公共交通朝着绿色低碳的方向迈进。

8.2.2　轨道公共交通及其绿色化

1）城市轨道公共交通

随着我国城市化进程的加快，单一的城市道路公共交通已经不能满足城市的需求。因此大容量、速度快、高环保的城市轨道公共交通将成为可持续发展的主要方向。城市轨道公共交通是城市公共交通中运送乘客的重要方式，其系统包括地铁系统、轻轨系统、单轨系统、有轨电车系统等。

① 地铁系统。北京是新中国成立以来第一个建造地铁的城市，到目前为止，北京的地铁总里程已经达到了465km（到2013年底）。大多数的地铁系统选择在地下铺设轨道，不仅节约了地上空间资源，为乘客提供了一个相对安静的乘车环境，并且改善了地上交通的拥堵情况。

美国拥有全球最复杂的地铁系统——纽约地铁。纽约第一条地铁修建于1900年并于四年后建成通车。1925年纽约地铁系统基本建成，时至今日，纽约地铁系统已经将曼哈顿区、皇后区、布鲁克林区、布朗区四个大区连接起来，形成了一个星罗棋布、四通八达的交通网络。纽约地铁只有60%左右是真正运行在地面以下，这其中还包括了运行于水下隧道的部分；其余的40%或是运行于地面，或是运行于跨越河流的大桥上和高架铁路线上。纽约地铁每天24h运营，是全球唯一正常运行特快列车的地铁系统。

② 轻轨系统。轻轨系统是介于地铁系统和有轨系统之间的适用于中等运量的城市轨道交通。此系统可以根据城市的具体情况采用不同的建造方式，在市中心时可利用高架线或地下线，在郊区时可用地面线。相较于地铁系统，轻轨系统由于其投资造价低廉，建造时间短，线路灵活，而更适用于我国的大中城市。目前，重庆、上海、大连等地都建有轻轨系统，高效地完成了城市客运需求。

加拿大的第三大城市温哥华，在1986年就开始修建了第一条轻轨交通系统，此条轻轨线是为了疏散当年世博会的乘客而修建的。此线路的轻轨车辆为无人驾驶，运用三轨受电的方式提供电力，每节车厢都是独立的。Waterfront 是此轻轨线的枢纽站，在 Waterfront 站可与国家铁路、海上巴士（sea-bus，连接北温地区）、地面公交（公交线路 8 条）实现换乘。

③ 有轨系统。我国第一辆有轨电车于1908 年出现在了上海的街头。传统的有轨电车由于速度慢，灵活性差，舒适性不高等因素渐渐地被时代所淘汰。随着绿色运输时代的到来，有轨电车迎来了它的复兴时代。科学技术的发展为我们带来了现代化的有轨电车，车速一般在 20 ~ 30 km/h，平稳性相对于传统电车有了很大提高，转弯时的刺耳噪声也大大降低。中国的现代有轨电车普遍采取架空接触网式供电方式和钢轮钢轨系统，钢轮钢轨系统中钢轮用来起导向和承重作用。目前，国外主要应用的是钢轮钢轨系统，而国内已经投入运营的天津和上海两条线则均采用的是胶轮导轨有轨电车系统。在胶轮导轨电车系统中，轨道代替胶轮起导向作用。

澳大利亚的第二大城市墨尔本是闻名世界的电车城，其电车交通网纵横交错。从 19 世纪末至今，墨尔本一直保留着有轨电车。虽然其有轨电车的发展也经历过低谷，但其依然形成了代表墨尔本特色的网络规模。作为对有轨电车的补充，一个发达的放射状铁路系统从城市中心向外伸展，覆盖范围远达都市区外缘。处于市中心时，有轨电车与其他交通方式共用道路空间，待到市中心以外处，有轨电车便和中国的相同，主要在街道上行驶，但偶尔会拥有自己的专用道路。

2）城市轨道公共交通的绿色性

城市轨道交通之所以越来越多地受到国际的关注，主要的原因在于轨道交通可以达到节约能源保护环境的目的。地铁、快轨列车、有轨电车的专用道路可以提高车辆的速度，减少因拥堵造成的能源消耗；电力传动系统的使用，消除了尾气排放，防止环境污染；采用电能驱动，可以免去汽油或石油的使用，避免不可再生资源的浪费；使用的快速、大容量车辆，能够减少其他汽车的使用量，缓解道路交通的压力。

8.2.3 北京丽泽金融商务区低碳交通规划

北京丽泽金融商务区位于北京丰台区，西起中心地区建设用地边缘，东至京九铁路，北起规划南马连道路，南至规划金中都北路，占地约 2.79km²。

丽泽金融商务区总体功能定位为“新兴金融功能区”，主要聚集银行、保险、证券等金融业总部，创业投资、私募股权基金等新兴金融机构，金融期货市场等金融要素市场、各类金融投资机构以及国内外大型企业总部，同时大力发展金融中介服务业以及配套的商业、餐饮、休闲等服务业，丽泽商务区规划功能分区示意图如图 8-4 所示。

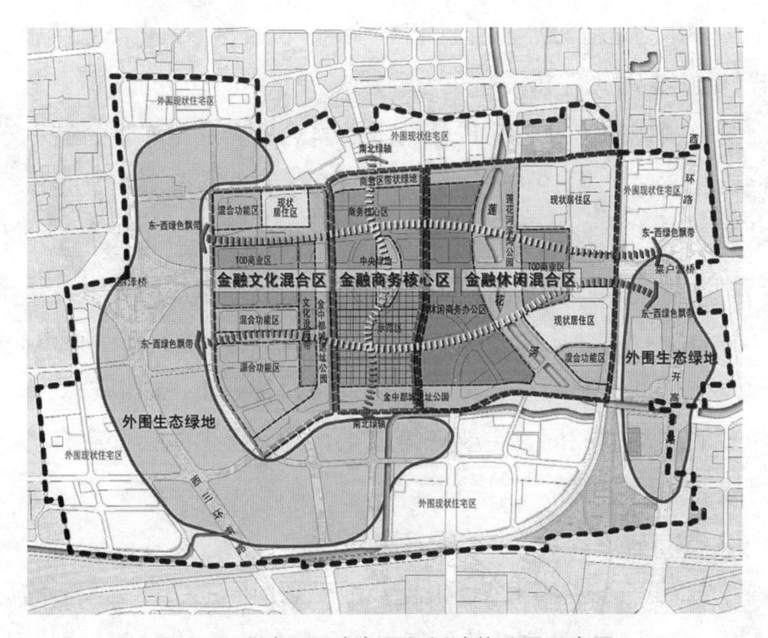

图 8-4 北京丽泽商务区规划功能分区示意图

丽泽金融商务区的交通规划以绿色交通、低碳交通为目标，确定交通规划以公共交通为主导，形成以公共交通为主体、多种交通方式相互协调的出行模式，并规划提出五大策略。

1）策略一：优化交通出行结构，倡导公交出行方式

根据伦敦、纽约、巴黎和东京的调查数据显示，在早晚高峰期间

进出市中心的通勤交通方式主要采用大运量、快速的轨道交通工具，轨道交通所占比例均达到或超过 75%。考虑到北京市居民通勤出行方式中还包括自行车，因此，丽泽金融商务区早晚高峰期间的通勤交通方式中，公共交通所占比例应不低于 60%。

若使丽泽金融商务区的通勤交通方式达到既定目标，对轨道交通和地面公交的合理规划必不可少。我们通过对现有轨道交通和地面公交方案的合理分析，提出与土地使用紧密结合的公共交通规划调整方案。

调整轨道交通线网。丽泽金融商务区研究范围内共规划有两条轨道交通线路，即 M14 线和 M16 线，总体上为“一横一纵”布局。原规划 M14 线在丽泽金融商务区内设置车站 2 座，站距 1200m 左右，调整后 M14 线在丽泽金融商务区内设置车站 3 座，覆盖商务区内的大部分地区，极大地提高了服务水平。

加强地面公共交通规划。首先沿主要交通走廊和客流转换地带设置公交换乘枢纽，以保证不同方向、不同方式的客流能高效换乘和有效集散。结合规划用地及轨道交通站点设置情况，丽泽金融商务区内共安排了一处公交换乘枢纽、六处公交首末站、一处公交中心站。

其次从道路交通设施及管理措施上确保公共交通的路权优先。同时，路口渠化和信号控制方面给予公交车辆充分的道路优先行驶权。在不同级别的道路上设置不同级别的公交线路，使公交站点服务范围覆盖整个丽泽金融商务区，并且与地铁站点良好接驳，以保证公共交通在客运出行中的主导地位。

最后是进行资源整合，调整线网结构，减少公交线路重复系数。

2）策略二：深化交通网络布局，有机衔接内外部交通

打通对外联系通道，提高对外节点通行能力。对现有及规划道路节点进一步分析整理，使调整后的道路节点能够有效地分流交通压力。调整后的道路网将形成主干路“三横三纵”的总体布局，同时提出“西二环半”主干路系统的概念（即货场西路），以减轻西二环路与西三环路高峰时段的交通压力。

拓展内外交通衔接通道，提高内部道路网密度。将原有的道路网

结构细化，使道路网间距完全满足高端金融商务区需求。

3）策略三：体现以人为本，倡导步行和自行车出行舒适的步行交通环境

(1) 结合“飘带形”绿化用地、中心广场、金中都城墙遗址和莲花河滨水空间设置地面步行网络，营造人性化的步行休闲空间。

(2) 结合轨道交通地下车站和地下公共空间设置地下步行网络，创造便捷、舒适的步行换乘和接驳环境。

(3) 结合丽泽路沿线公共建筑和地面步行系统设置地上步行网络，提高步行交通的通达性。

(4) 结合景观布置自行车专用道：确保自行车道与土地使用规划密切结合，实现自行车道与商业、服务业等城市公共设施直接连接；在次干路及以上等级的道路上实现机动车与自行车之间物理隔离，保障自行车交通安全和通畅；结合金中都城墙遗址和莲花河滨水空间设置自行车休闲专用道路；保证自行车道的宽度和路面平整度，处理好自行车和机动车的交织关系，减少相互影响；轨道交通车站、公共汽车站及公共交通枢纽应根据需要就近设置充足的自行车停车场。

4）策略四：加强交通需求管理，促进供需均衡发展

在丽泽金融商务区实施严格的停车需求管理政策（如提高停车收费价格、削减停车位供应总量），以降低通勤交通采用私人小汽车的出行比例，引导本地就业人员采用公共交通方式出行。

5）策略五：强化“职住相对平衡”，协调土地使用与交通发展

根据北京市居民出行调查数据显示，职员、科技人员等类型职业的出行距离约为 8 ~ 9km。丽泽金融商务区将主要集聚金融办公产业的中高收入就业人口，考虑非直线因素，因此，丽泽金融商务区规划就业人员居住地点将会主要集中在半径 6 ~ 7km 的范围内。因此，应进一步梳理丽泽金融商务区周围 6 ~ 7km 范围内的居住用地，并有针对性地设置公交专线，实现丽泽金融商务区周边区域“职住相对平衡”，避免大规模的跨区域通勤交通出行，合理高效利用城市交通资源。

第 9 章　宁静交通

9.1　概念解析

随着近年来小汽车进入家庭，城市居住区内车与人、车与空间的矛盾不断增加，机动化给人们带来了方便和乐趣，也带来了安全隐患以及空气、噪声的污染等诸多问题，大大降低了居民的生活质量。街道是居民各种日常活动的场所，保障行人在移动时获得良好道路品质是街道设计首要目的，然而随着城市机动化的加剧，街道规划逐渐转向“车辆导向”，街道空间交通以外的生活功能正在逐步丧失，如何缓和交通给居民生活带来的冲击，还居民一个安全、宁静生活环境，是现代城市规划师以及交通工程师所共同关心的问题，也是城市交通可持续发展所必须解决的问题。

交通宁静化的理念最早出现于 20 世纪 70 年代荷兰的“生活庭院道路”。“生活庭院道路”是在人车共享交通的基本前提下，对道路结构进行了改进，一方面规定汽车低速行驶，另外一方面争取实现更偏重于行人、公交、游憩、景观等功能的街道结构。该理念由于将“居住区内街道应以行人和生活优先”的思想付诸实际而受到关注。后来它又在德国、丹麦、英国等国家得到了长足的发展，形成了与其他诸多方法兼容和规划。

交通宁静化的具体定义为：通过系统的硬设施（如物理措施等）及软设施（如政策、立法、技术标准等）降低机动车对居民生活质量及环境的负效应，将鲁莽驾驶行为转变为理性人性化驾驶行为，改变步行及非机动车环境，以期达到交通安全，可居住性，可慢行性。实施交通宁静化的目的和原则为：改善居民的居住环境，提高当地街道上步行者、非机动车骑乘者、机动车驾驶员及乘车者的交通安全性；降低当地街道上的车速；减少为走捷径穿越当地街道的交通量；保护并提高步行者和骑行者通往临近社区的交通安全性；营造一个舒适愉悦的交通环境，从而提高整个交通系统的交通安全水平，实现“让街道成为生活空间”的策略。

交通宁静化主要采用控制流量方法（Volume Control Measures，VCM）、垂直控制速度方法（Speed Control Using Vertical Measures，SCVM）、水平控制速度方法（Speed Control Using Horizontal Measures，SCHM）、窄化控制方法（Narrowing Control Measures，NCM）等方法。

采取的建议具体措施如：

街道全封闭（Full Street Closure），即在街道上设置横跨街道的障碍物，以完全切断所有机动车通过，通常只开放人行道。

街道半封闭（Half Street Closure）是指在双向通行的街道的局部位置设置一个方向上的障碍物，以阻断这个方向的机动车流，见图 9-1。

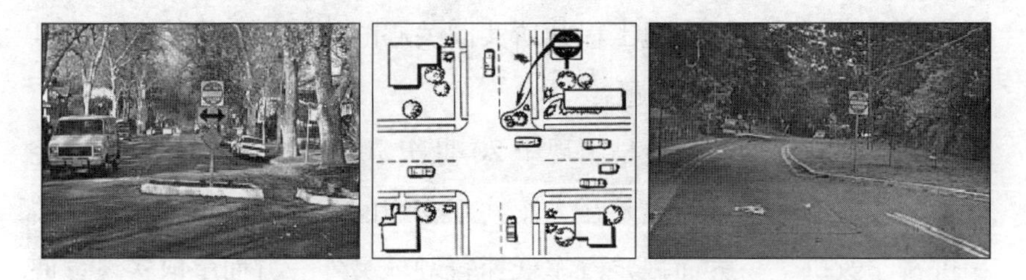

图 9-1　街道半封闭示意图

强制转弯岛（Forced Turn Island），强制转弯岛是设置在交叉口的凸起交通岛处，以阻断某一进口道特定方向的转向运动，见图 9-2。

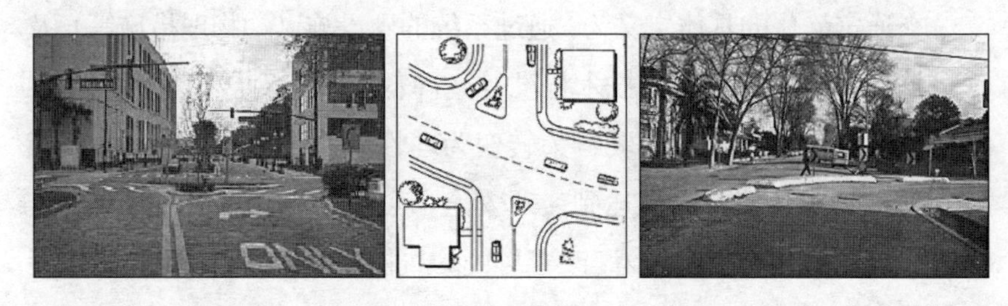

图 9-2　强制转弯示意图

凸起的人行横道（Raised Crosswalk），是配有人行横道标线的减速台，以渠化行人过街，使机动车驾驶员更容易发现过街行人。

凸起的交叉口（Raised Intersection），是把整个交叉口区域全部平凸起来，且四周与各进口道斜坡过度，平凸部分一般用砖或有纹理的材料建造，见图 9-3。

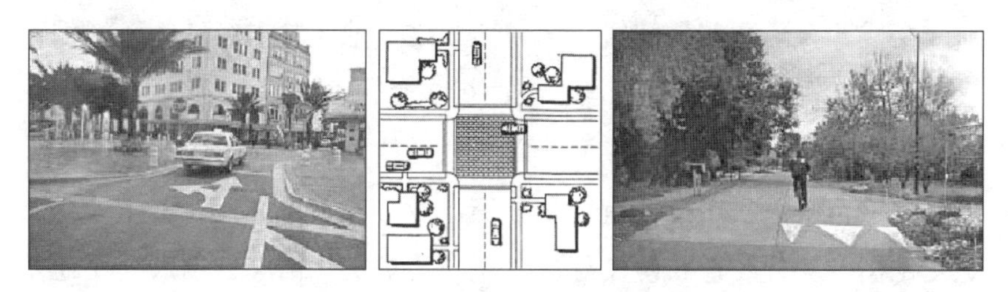

图 9-3　凸起的交叉口示意图

交叉口瓶颈化（Neck down），是指交叉口处两侧路缘向中间延伸，从而减少进口宽度的交叉口。通过缩短行人穿越交叉口距离和凸起的交通岛使得机动车容易注意到行人，见图 9-4。

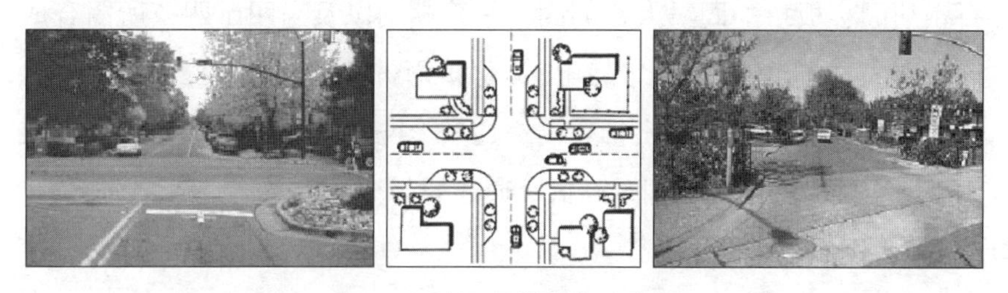

图 9-4　交叉口瓶颈化示意图

9.2　案例分析

9.2.1　北京新太仓历史街区交通宁静化规划

北京新太仓历史文化街区是北京市第三批新增的 3 片旧城历史文化街区之一，位于北京市东城区东部，东起东直门南小街，西至东四北大街，南起东四十条，北至东直门内大街。历史文化街区南北（路中）

长约 820m，东西（路中）宽约 750m，总占地面积约 56hm^2。

新太仓历史文化街区的传统街巷，是明清北京内城胡同体系发展演变过程的一个缩影。由东西向的胡同与南北向的大街（或小街）构成的新太仓南部地区，是元大都时期最常见的街区形态，其胡同街巷的宽度、走向等一直保持着元代以来的典型格局，成为元代里坊制度的重要佐证。新太仓的北部地区在清兵入关之后，仓廒逐步废弃，渐渐演变成四合院型的传统居住区，由于这一地区并未经过统一规划设计，院落自由生长，其间逐渐形成曲折多弯的道路。

从实地调研来看，因该地区以居住功能为主，在历史文化街区外围靠近城市主、次干道侧有大量临街商业分布。总体而言，新太仓历史文化街区对外交通状况良好，表现在历史文化街区外围公共交通系统较发达、干道系统完善。但仍存在诸如居民停车难、占道停车带来消防隐患、机非混行导致通行环境较差、老龄化人口面临交通安全问题等一系列北京旧城历史文化街区普遍存在的交通问题。

为保护历史文化街区内部安宁的生活环境，对部分区域采用交通宁静化规划，见图 9-5。结合新太仓历史文化街区的功能定位，规划在石雀胡同、板桥胡同、大菊胡同、小菊胡同以及东四十四条所围合成的区域内，逐步实施交通宁静化，以保护历史风貌，改善居民居住环境，提高步行与自行车交通出行者的交通安全与舒适性，实现“让街道成为生活空间”的策略，同时降低交通能耗与交通污染。

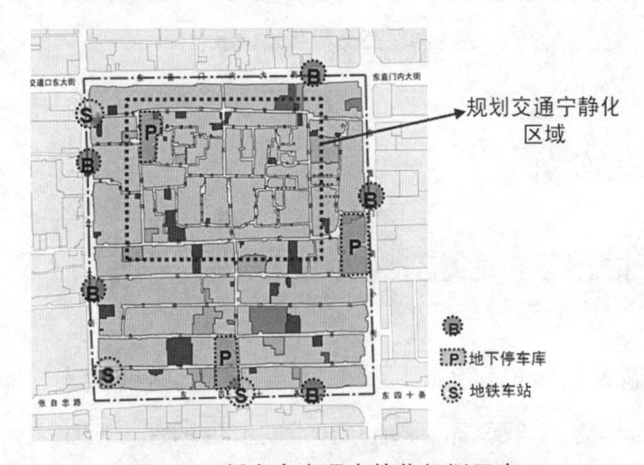

图 9-5　新太仓交通宁静化规划示意

9.2.2 无锡市太湖新城交通宁静化

居住区作为城市居民最为重要的生活空间，是无锡市注重加强社会建设和社会管理、落实生态文明建设工程、打造太湖新城“宜居城”建设样板和标杆的重要载体，社区道路交通问题也受到越来越多的关注。

在无锡市建设“宜居城”的目标下，从交通规划设计角度出发，在居住区尝试实施一套具有科学性和实用性的交通宁静化措施，提高社区居民对道路交通的满意度，为宜居社区规划与建设提供一个全新的视角[34]。

目前，交通宁静化措施在无锡太湖新城某大型居住区已广泛应用，有效地将机动车速度控制在30km/h的安全界限范围内；主路上人车各行其道，步行环境安全舒适；随意穿越街道的现象得到缓解；住宅楼周围的噪声和空气污染投诉减少；交叉口和出入口等处的交通组织有序，居民对社区交通环境和生活环境满意，该社区已成为无锡市宜居社区建设的典范。

为实现“宜居城”目标，通过交通宁静化设计，居住区道路建设应为人们创造适合居住、生活、交往、休闲娱乐的道路空间，提供具有良好的可达性和便捷性的道路交通系统、方便舒适的生活配套设施以及安全健康的步行空间环境。

（1）交通宁静化应以转变传统道路规划设计思维为前提条件，整合道路交通、土地利用、空间环境三者进行道路城市设计，实现人车和谐共生发展。

传统的道路规划设计过于强调道路的“通道”功能，人们活动的场所湮没于快速交通和大尺度设计之中，道路沦为纯交通性的功能空间。随着无锡市经济的发展与实力的提升，城市管理者对道路设计的要求也超越了视觉审美的范畴，转变为落实某个地区乃至整个城市发展策略的具体标尺，实现完善道路建设、整合社区功能、提升社区价值与品位等一系列任务。交通宁静化设计的对象也超越了物质景观本身，而更多注入了对城市文脉、街区活力等非物质景观要素的关注。

（2）交通宁静化应以个别高档社区道路建设为实践基础，积累各种宁静化设计经验，逐步向其他社区推广。

居住区以生活为主，交通为辅，内部交通呈现出以步行为主、机动性低、出行随意性强等规律，为实行交通宁静化措施：如减速垫、曲线道路、路段瓶颈、交叉口瓶颈、中央环岛等提供了极为有利的建设条件。通过个别高档社区的道路设计实践，对比交通宁静化实施后道路上车速、流量、安全事故的削减效果，分析居民对于宁静化设计的接受意愿程度。

(3) 交通宁静化应以促进居住区慢行设施建设作为重要依托，优先保障步行者和非机动车驾驶者等弱势群体的安全，实现以人为本。

居住区道路空间作为一种城市公共空间，应该为居民的各种户外活动提供便利的设施和舒适的环境，居住区道路应逐渐向“街道生活”功能倾斜、回归。依托居住区道路慢行设施建设，归还原本被压缩的非机动车和行人空间，改善非机动车道、人行道、人行横道等铺装颜色和材质，并进行交通宁静化设计，优先保障步行者和非机动车驾驶者的安全，而不使其成为消极的行车、停车空间。

(4) 交通宁静化应以弥补停车泊位不足为有效手段，根据宁静化要求进行路边停车规划设计，实现动静交通和谐共处。

虽然城市不断开辟新的停车空间，路边停车因其停取方便而越来越受到欢迎。由于路边停车占用道路资源，车辆进出容易影响非机动车和行人通行，因此很多城市均予以抑制，但若结合交通宁静化设计，在道路两侧利用路边停车泊位设置曲线行驶道路，或利用植树间距设置停车位，则能实现动静交通和谐共处。

9.2.3 欧美城市交通宁静化的经验

德国从 1970 年后期开始[24]，以居住交通控制措施的交通策略为代表，以完整的居住区为实施对象，在“生活庭院”共享街道中又引入了车速度缓冲带，隔断路幅调节设施的道路限速装置，进行了全新的尝试，随着上述抑制汽车的理念不断得到推广，交通宁静化逐步从局部地区的实践，演化为城市区域整体的规划思想。如何更进一步找到既能低成本又能符合本地区实际的弹性方法，又成为其发展的新方向。德国从 1985 年开始引入“分区 30”的控制策略，该方案以干道道路围成的区域为相对独立分区，只通过在分区出入口处树立标识的方法，将区内道路交通限定在 30km/h 以内，同时在有必要的路段导入了车速缓冲带、隔离栏等限速度装置，目前，该方法已经在欧洲得到广泛的普及。

英国于 1982 年开始全面实施的城市安全工程，以比较宏观的区域为对象，实施了包括行人过街、交通控制、主要集散街道、交通限速等等措施，尽量通过降低成本的手段来考虑交通安全对策 .

亚洲首先引入交通宁静化的国家是日本，日本引入交通宁静化理念以一个完整街区为对象，实施了“居住区交通安全样板工程”，公共集会型车道限速，共享路面的人车共享道路，交叉口缓冲带的规划方法开始得到尝试。

第10章　精细交通

10.1　概念解析

所谓精细化，“精”就是精益求精，“细”就是细致。精细化多用于管理领域。如在城市管理方面，城市精细化管理是一种管理理念、管理技术，还是一种管理文化。城市精细化管理体现了组织对管理的完美追求和对工作严谨、认真、精益求精的思想贯彻；运用标准化、程序化、数据化、科学化的手段，使管理的各单元精确、高效、协同及持续运行，使有限的资源发挥出最大效能；通过规范流程、规范运作、优化资源、量化责任、监督控制，实现经营活动的有序竞争，达到目标效益最佳化。

“希格玛理念”是指多项小的措施积累起来会是一个大数，它是一种思维方法，是“积少成多，滴水石穿”的意思。交通文化包括器物层面、制度层面和精神层面三个层面的内容，“希格玛理念”属于其中精神层面的范畴，在此延伸为在交通规划、设计、建设、管理各个环节应融入“精细化”理念，通过采取措施对交通系统中的多个细节进行改善，发挥多个小措施在建设安全、便捷和可持续发展的城市交通中的作用，以量变促成质变，从而实现好的效果。

当前，为促进城市交通的改善，最大程度地满足人们的出行需求，我国各级政府和相关部门付出了巨大努力：发展轨道交通、倡导公交优先、完善路网结构、限制车辆购置，事实证明，每一项措施的推进和实施无疑发挥了积极而重要的作用。但是，由于城市交通系统是一个十分巨大且复杂的系统，如果缺少对细节的重视，仅仅通过几项大措施往往难以达到预期目标，而且也是不现实的。从细节着手，理顺交通系统中各交通要素之间的关系，运用“希格玛理念”，通过相对较小的投入获得大的回报，可以赢得事半功倍的效果。

精细化规划要求如下：

① 系统化——各子系统的有机协调，统筹分配；

② 高效化——资源的最集约有效利用；

③ 个性化——与地区的特点和功能紧密结合；

④ 规范化——指导性更强，建设更有序、更规范；

⑤ 实用化——具有良好的可实施性；

⑥ 动态化——不断互动反馈、与时俱进的过程；

⑦ 协同化——各个专业、各个环节都要达到协同统一。

10.2 案例分析

10.2.1 北京地安门外大街改造规划

地安门外大街（地安门 - 鼓楼）段位于北京市地安门东大街以北，北二环以南，是北中轴线的什刹海段。而北京传统北中轴线什刹海段是北京地区和中轴线上重要的旅游区域和景观节点。

现状地安门外大街(地安门 - 鼓楼)缺乏整治,存在各种交通流混杂,由于占道停车和两侧商铺侵占红线造成步行环境恶劣，公交车站人流拥挤等问题，影响了什刹海地区整体旅游形象和商业氛围，亟待进行交通梳理和环境风貌的综合治理，缓解该地区的交通拥堵。

在城市转型发展的关键时期，为落实十八大“推进生态文明、建设美丽中国”精神，并贯彻“三个北京”精神，以更高标准推动首都经济社会又好又快发展，城市规划工作也面临着观念的转变，由过去注重宏观、粗放式的规划向注重微观、注重细节的精细化规划转变。地安门外大街精细化规划设计导则工作也正是契合了这个要求。

从道路本身来说，地外大街所承载的历史、复杂的交通现状、未来在保护与发展的矛盾下旧城道路的发展方向等等问题，依靠传统的道路规划工作已不能满足解决这些复杂任务的要求，必须要在传统上有所突破和创新，规划必须从精细化规划的视角出发，将这些问题进行全面的分析和梳理，提出更加有针对性、更加实用有指导性的东西。

经过深入调研与分析，总结现状地安门外大街（地安门 - 鼓楼）交通问题的症结如下：

① 周边产业业态较低端，造成了大量人口的聚集，由此产生了过大的交通需求；

② 现状道路资源紧缺，难以承受大量的交通压力；

③ 道路空间资源分配不合理，道路功能与周边环境不协调；

④ 交通设施缺少对人性化的关注；

⑤ 管理措施不到位，交通秩序混乱；

⑥ 整体风貌未体现文保区的特点。

针对以上交通问题，结合道路周边区域、北京北中轴路的功能发展定位，对地安门外大街（地安门 - 鼓楼）改造进行规划研究，确定道路精细化规划工作重点。由于地外大街的特殊地位，在规划中一定要深入了解它的历史进程，只有了解了历史才能更好地保护和传承，并据此确定道路功能定位，制定更加有针对性的交通发展策略，体现了精细化要求中的个性化。

(1) 根据现状两侧要保护的历史建筑，打破传统道路红线划定方式来确定道路的改造空间，体现了精细化要求中的实用化；

(2) 如何在有限的空间资源内安排各交通子系统，需要根据道路所在区域的特点和交通政策来制定道路路权分配的优先级，体现了精细化要求中的系统化；

(3) 传统规划方案中道路横断面规划，往往重视路面的规划，忽视对路侧带的规划，而实际路侧带中所包含的要素非常多，往往出问题也在路侧带中，所以规划要重点对路侧带中的道路空间进行分配，并且根据不同路段路侧带的空间条件，提出了不同的要求，体现了精细化要求中的个性化和规范化；

(4) 对类似公交站点等重要交通设施进行详细布局并预留空间，体现了精细化要求中的规范化；

(5) 提出的交通策略是近远期相结合的动态策略，并且是伴随着周边用地的改造升级逐步实施的，体现了精细化要求中的动态化和协同化。

10.2.2 宁波市精细化交通

在严峻的城市交通形势面前，宁波市公安交通管理部门通过疏堵保畅系列工程的“精耕细作”，坚持科学管理、以人为本，综合采取“疏、堵、限、管、教”等各种措施，为“百万汽车城”市民出行提供一个畅通、有序的交通环境[32]。

1）精细化管理：优化通行秩序

为确保车辆通行有序，宁波市公安交通管理部门按照党委政府要求，采取“强攻主动脉、管疏微循环”的思路，着力挖掘道路资源的通行潜力。一方面加大路面秩序管理力度和违法行为的查处力度，通过加强交通拥堵分析研判，不断完善交通管理勤务机制，及时采取易堵路面的勤务调整，优化勤务模式，将警力向一线倾斜。同时，全面启动交通事故“快处快赔”工作，提高民警管事率和违法查处率；另一方面，加大各项交通管理措施的到位，完善微循环系统交通组织，有效提高次干道和支路利用率。对部分机动车道、非机动车道、人行道实施硬隔离，行车、停车秩序大为改善。

2）精细化设施：科技保通畅

车辆“闯红灯、超速、抢道”一直是市民最为厌恶的交通违法行为，尽管多次整治，复发率却一直居高不下。2011 年 7 月，宁波市在全国率先建成智能高清视频交通违法抓拍系统，实现对路口的闯红灯、不按规定车道行驶、压线、逆行等多类违法的同时抓拍，违法抓拍率超过 90%。

3）精细化服务：体现人文关怀

宁波孙文英小学位于汪弄小区内，和十五中仅一路之隔，以前每到上学和放学时间，门口那条仅容两车交会通过的小路上都会挤满接送学生的车辆，动都动不了。2011 年暑假期间，海曙交警大队派人到学校进行“护苗队”培训，给学校老师发了学习资料还有小黄旗、红背心等工具，帮助学校组建了“护苗队”。新学期开学后，每到上学放学时，校门口除交警外“护苗队”的家长、老师、保安一起维护交通秩序，既确保了道路畅通，又保障了学生安全。

4）精细化车管：创新社会管理

宁波市车管所承担着全市170多万辆机动车和200多万机动车驾驶人的服务管理工作。近年来，车管所主动适应经济社会发展客观需要，把群众满意作为一切工作的出发点和落脚点，在管理工作中不断延伸服务平台。目前，宁波市已打造成“流动车管所”、“县级车管所”、“农村车管所”、“网上车管所”、“微型车管所”五个车管所，并建立了常态化的流动车管服务机制，工作日和节假日深入街道社区、城市广场、企事业单位、山区海岛开展上门服务，拉近服务群众的距离。在全市设立了42个机动车上牌点和15个考试点，将汽车科目一考试下放到县级车管所，并推出了帮扶企业服务群众十项措施，同时在全市建设了18个整合交通管理综合功能的交管服务站，减少了群众办理车驾管业务来回跑的时间，在方便群众的同时，为社会和群众减少一大笔开支，节约了道路资源。

10.2.3 新加坡精细化交通

1）便捷的轨道交通与路面公交[33]

在新加坡，地铁与路面公交在规划和设计充分考虑一体化，地铁站的出口处就近设置有公共交通枢纽，两种交通工具之间可以实现便捷的换乘，加上路面公交系统网很强的可达性，保障了出行者的准时性和可达性，为吸引出行者采用公共交通创造了良好的条件。

不仅在轨道交通站和公交枢纽的位置遵循一体化设计，而且在地铁与路面公交的交通标志的设置上也充分体现了一体化的设计理念，公交车站设置有附近地铁站的指示标志和地铁站的相关信息，乘坐公交车的出行者可以清楚知道附近地铁站的设置情况，选择是否乘坐地铁。

2）精细化的公共交通配套设施

新加坡地处赤道附近，常年炎热多雨，为便于出行者方便和舒适地乘坐公共交通，公交车站与附近居民楼之间采用带有顶盖的走廊相连，居民下楼后就可到公交车站。

新加坡城市道路上的公交车站绝大多数采用港湾式，既提高了上下车的安全性，又减少了公共交通对路面上其他车辆干扰。在1999年新加坡街头还有一些路段的公交车站采用非港湾式设计，但是在2010年即便是市中心道路资源相对紧张的路段也尽可能设置了港湾式公交车站，就连交通安全主题公园里用于教育儿童的公交车站也是采用港湾式的，公交车站的精细化、规范化设计理念已经深入人心。

为了进一步提升公共交通的候车环境，公交车站的舒适性也在细节改善之中。公交车站不仅配备有顶棚，配备有舒适的座椅，还设置有风扇，从细节处提升了公交车的服务水平。

3）环境友好的步行与自行车交通

步行交通是交通系统中灵活性最好的交通方式，任何交通方式之间的衔接步行都不可缺少。在新加坡，有超过60%的过街天桥加设有顶盖，天桥顶盖古典美观，在天桥两侧摆放着鲜花，不仅实现了天桥的通行功能，还体现出天桥的景观功能，实现了交通设施是“城市家具”的理念。

政府非常重视人行道环境的建设，人行道两侧绿树成荫，行走在其中就像在花园中散步。优美的环境大大提高了无阻抗步行距离。通常情况下，人们的无阻抗步行距离在150～200m左右，而舒适的步行环境下，无阻抗步行距离可以提高到300m以上。优美的步行环境加上完善的行人过街设施，保障了行人通行的舒适与安全，极大提高了步行的吸引力。骑车人在林荫自行车道上自由地骑行。

4）人性化的无障碍交通设施

为给行动不便人士提供交通的方便，新加坡政府建设了大量“无障碍”公共设施。行动不便人士从下居民楼开始，到公交车站、地铁站都有连续的“无障碍”设施，行动不便人士不需要借助他人的帮助，能够轻松实现出行。

5）功能配套齐全的小区

在新加坡，在居住区功能规划上充分考虑了居民就业、上学、医疗、休闲，有整套完善的功能配套设施。居民的生活需求在小区内基本能够得到满足，采用小汽车远距离出行的需求自然减少了。以新加坡勿洛小区为例，该小区到市中心坐轨道交通只有20min路程，小区内交通便捷、环境优美、生活十分方便。与世界上许多其他城市的居住小区相比，新加坡的小区是非常完美的，把购物、休闲、餐饮安排在家门口、楼底下。

除了功能完善的配套设施，小区内道路设施同样十分齐全，交通标志标线清晰，有规范的立体停车场和路面停车场，满足小汽车交通的需要。在新加坡，对小汽车的限制不是简单的排斥，而是采取引导合理使用小汽车的办法。除了中心城区以外，人们完全可以自由选择小汽车出行，小汽车大有用武之地，在小区附近的轨道交通站，设置有P+R停车场，在经济上给予优惠，鼓励人们选用公共交通出行。

第 11 章　拥堵治理

11.1　交通拥堵治理相关理论

大城市的交通拥堵愈演愈烈，城市的运行效率大大降低，带来巨大的经济损失，环境污染加剧，居民通勤的经济、时间成本不断上升，严重制约着城市的可持续发展。历史名城也面临交通拥堵的问题，某些城市中心区是在历史街区的基础上建立的，如北京的旧城区（二环路以里）面临更加严峻的交通拥堵问题。

交通拥堵的出现与城市升级和经济、人口、产业、空间布局等许多宏观因素的联系紧密，而单纯依靠增加设施供给无法从根本上解决交通问题。城市交通总是进入这样一个怪圈，当由于交通供给的改善，交通状况有所缓解时，新诱发的交通需求很快就会填补进来，这种带着惯性的需求增加达到一定水平时，新的交通拥堵将形成甚至会达到一个更为拥挤的状态。

交通拥堵治理理论归纳起来，可以分为如下几类：

1）增加交通设施供给

早期欧美国家主要的交通治理理论是通过加强交通设施建设，提高整个路网的交通容量。而以此为指导的实践结果却相反：新的道路建成后很快又产生了新的交通拥堵。Downs 定律表明：单纯靠增加道路来解决交通问题是无效的。

目前在增加交通设施供给方面，许多国家和地区已从强调增加道路设施转变为强调对城市交通的合理规划以及对交通管理与智能交通的有效提供和使用，在治理交通拥堵方面取得了积极的效果。

增加供给模式的主要贡献是：通过城市和交通的合理规划与管理，配备高新技术手段，高效利用有限的道路及土地资源，尽可能满足人们的出行需求。不足之处：供给的慢变性无法完全满足需求的快变性，总会存在供需缺口；各种规划及技术投入需要资金保证，对供给的前瞻性、准确性的要求较高，一旦失误，后果严重；需要政府及相关部门的高度协调配合，否则难以发挥应有的作用[31]。

2）交通需求管理

由于交通需求总是倾向于超过交通供给，对交通需求进行合理的调控，使交通需求和交通供给趋于平衡，就成了缓解城市交通拥挤问题的重要方法。交通需求管理也就应运而生。交通需求管理（Travel Demand Management，简称 TDM）是针对交通的发生源进行管理、控制与引导，削减城市交通总需求，分解、转移相对集中的交通需求，调整出行分布，以保证城市交通系统有效运行，缓解交通拥堵，其核心思想是通过诱导人们的出行方式来缓解城市交通拥挤的矛盾，主要表现在倡导公共交通，控制和引导小汽车的使用。倡导优先发展最节约地使用有限道路面积的交通工具，抑制不经济地使用道路面积的交通工具增长。

通常包括如下两类措施：一是车辆拥有需求管理，即控制车辆总需求量；二是车辆使用需求管理，即控制车辆交通量。目前国内外城市最主要的交通需求管理模式就是倡导公共交通，控制和引导小汽车的使用。

需求管理模式的主要贡献是，通过诱导人们的出行方式来缓解城市交通拥挤矛盾，这种模式只是限制某种出行方式，并非限制出行。不足之处在于规划不合理的城市，不能有效运用此模式引导人们的出行需求；高科技手段欠缺的国家或地区不能快捷便利地使用收费调节方式，相反落后的收费手段会造成新的拥堵；“富人开小车，穷人乘公交”的观念对此模式的推行有一定阻碍；建立完善的公交系统也要花费较大投资[31]。

3）交通规划与土地使用规划结合

我国的许多大城市历史悠久，在其成长过程中，由于对城市不同功能区的布局缺乏科学系统的思考和长远规划，随着城市规模的扩张，居民通勤等工作生活成本和整个城市运营成本大幅提高，城市不堪重负，这也是许多学者和政府部门的决策者主张抑制大城市规模进一步扩张的主要原因。

对土地的不合理开发是导致城市发生结构性交通拥堵的重要源头，每个土地项目都会成为交通发生源与吸引源，产生相应的进出交通流，在人口密度大、商业繁华的地带进行高强度土地开发更易使该地区的交通拥堵加剧。

交通规划与土地使用规划结合的核心在于在满足城市居民实现各种社会活动的前提下，尽量减少不必要的出行，尤其是私人小汽车的机动交通出行。在此理论下衍生出的交通与土地使用相结合的模式有："TOD"模式、以骨干公交线联系的"多中心"发展模式、单中心的"点—轴"发展模式，这些模式通过交通规划（大运量公共交通系统）和土地使用（交通吸发区域）的紧密结合，有效避免了因低密度蔓延式发展、依赖私人机动交通所带来的交通拥堵问题[13]。

4）制度完善模式

以新制度经济学的观点，制度是指用来规范人类行为的规则，其功能在于降低交易费用，一方面它通过规范人们的行为，减少社会生活中的冲突和摩擦，以避免由此带来的效率损失；另一方面使人们对未来形成较合理的预期，降低不确定性。

制度完善模式就是基于这样一种经济学观念，认为政府应提供最有效地利用道路设施的政策法规，强化市民的交通守法意识，由被迫减少违章行为到自觉减少违章行为，从而消除人为造成的交通拥堵及交通事故。该模式不仅包括立法等正式制度，还包括观念、习俗等非正式制度。发达国家常常制定严厉的法规，重罚违法违章者，反过来又提升人们的遵纪守法意识。在德国，一旦查出违规行为，将重罚驾车者，且对个人信用等级造成终身影响。经常违法和发生事故者不但难找工作，连购车的保险费率也比他人高很多，这也使驾车者将遵守交通规则提升为自觉意识。

制度完善模式的主要贡献是，通过正式和非正式制度确保最有效地提供道路设施和资源，并使其得到有效利用，从强制性规范人们的行为到人们自觉自发地形成良好公德意识，为交通的可持续发展提供保障。不足之处：它是改善交通拥堵的必要条件，而非充分条件，无法单独发生作用[31]。

11.2 案例分析

11.2.1 国外大城市交通治堵措施分析

1）新加坡治理城市拥堵的政策措施分析

(1) 控制汽车拥有量

新加坡政府于1990年实行按道路网新增容量控制年度汽车车辆增加的配额制度，通过每月举行一次车辆配额公开招标的方式，由欲购私家车或出租车者竞买“车辆拥有权”，获得汽车拥有权证之后才能购车。实行这项政策后，新加坡小汽车保有量的年均增长率从过去的6%降至3%。

(2) 拥挤收费

新加坡也是最早实施城市道路拥挤收费的国家，做法是把严重拥挤的核心商业区划定为收费控制区，实施这一政策的效果是：核心商业区高峰时段的交通量减少44.5%，平均车速和公交出行比例明显提高。

(3) 完善公共交通，提高公共交通吸引力

为增强公共交通的吸引力，新加坡在每个地铁和轻轨车站都设有巴士转运换乘设施和相关服务设施，其中包括通往组屋区（经济适用住宅区）的遮阳棚、商场、电影院、小吃店和夜市大排档等。为了推进城市交通可持续发展的进程，除了地铁，轻轨等电力轨道交通外，还运用税收等经济手段鼓励私人和公交企业购买混合动力汽车、使用压缩天然气的汽车、电动车等绿色交通工具。

2）纽约治理交通拥堵的政策措施分析

纽约市治理交通拥堵主要从以下几方面展开：

(1) 完备公交网络改善纽约拥堵

纽约建有北美地区最大的公共交通系统，公交、地铁和通勤火车网络布局合理，相辅相成。纽约共有24条地铁线路纵横交错，线路总长1300km，468个车站遍及全市各地，为往返纽约上下班的人提供经

济快捷的交通服务。

(2) 实施公交优先战略

纽约市政府通过实行“公交先行”的措施，最大限度地利用有限的路面，提高交通流量，以保障交通便捷。纽约市在交通流量大的路段开辟公交专用道，在规定时段未经许可，其他车辆不准占用公交车道。纽约还在市内繁华路段设立“拖车区”，某些地点明确规定任何时候都不得停车，一旦违反即遭重罚。商用货车和私家车分类管理，在规定时段只允许商用货车路边计时停车，私家车除了停入昂贵的地下车库外别无选择。

(3) 征收交通拥堵费

通过加征交通拥堵费，减少车辆进入曼哈顿，同时降低市区空气污染程度。另外，纽约市政府通过征收燃油税、过桥费、过路费、高额停车费来限制私家车的出行。纽约市政府还设立了拼车专用车道，鼓励私家车主上下班拼车。

3）东京治理交通拥堵的政策措施分析

多年来日本东京一直大力发展以轨道交通为主的公共交通系统，市民出行大都选择轨道公共交通。日本轨道交通不仅分布面广而且出口数量多，如东京一些大地铁站出口多达几十个，许多出口直接通向当地的著名设施、大型企业或政府部门，提升了轨道交通的吸引力。

东京地铁的设置特点除了线路多，换乘方便和准时也是东京地铁的一大特点。强大的公共交通网络成为运送市民出行的最主要工具，这极大地缓解了高峰时期路面的交通拥堵状况。除了便捷的公交系统外，东京政府治理交通的另一个法宝就是高昂的停车费。

11.2.2 旧城中心区交通治堵的策略与模式

借鉴国外的经验，结合本地高密度发展的实际情况，国内旧城中心区在治理交通拥堵方面宜采取如下策略[14]。

1）设立交通限速区

通过设立交通限速区，提高旧城中心区内的机动交通时间成本，抑制私人机动交通的出行需求，使之转向公共交通或步行与自行车交通，从而减少旧城中心区内的机动交通量，减少拥堵。其目的类似于拥挤收费或地区通行证制度，旨在限制不必要的机动车通行交通，不同点在于手段的不同。

2）合理分流，疏导穿越交通

中心区外围规划设置相对快速的交通道路，使原来穿越旧城中心区的交通因受限速管制的影响而转向于外围的快速疏导道路，避免区内不必要的穿越交通，减少区内的机动交通量。

3）减少停车供给设施，鼓励采取公交出行或停车换乘

停车设施的供给是影响机动交通出行的一个重要因素。通过减少机动车停车场地的供应量来抑制机动交通的出行需求，尤其是在主要核心地段，尽量减少停车场地或尽量提高停车费用；同时，在旧城中心区外围或边缘地段设置适量的停车场地，鼓励出行者在中心区外围进行停车换乘公交或通过步行进入中心区，减少中心区内的机动交通量，减缓拥堵。

4）引入大运量快速公共交通

提高中心区内外客流的输送能力。旧城中心区在限制私人机动交通使用的同时，还必须提供快速高效的公共交通，否则中心区将因交通可达性低而影响其正常的运行。因此，旧城中心区应引入大运量快速公共交通，用以连接中心区和外围地区，使区内外的交通联系能够方便、快捷且高效，从而使潜在的私人机动交通出行向公共交通出行转变，减少旧城中心区的交通拥堵。

5）设置区内公交环线，提高公交出行吸引力

中心区内设置循环的公交线路，连接主要的快速公交枢纽站和其他重要设施及地域，使“枢纽站＋环线”的公交模式能够覆盖旧城区的绝大部分区域，提高公共交通的服务效率，进而提高公交出行的吸引力。

6）设置慢行优先网络，增强中心区的活力

将旧城中心区原有的老街巷改造成步行与自行车交通专用或优先道路，同时拓宽其他道路的慢行通道宽度，改善步行与自行车交通尤

其是步行交通设施质量和相关的指示设施。慢行优先网络结合重要的公共场所、商业空间、公共交通站点等进行建设，形成中心区内系统连贯的、以慢行为主的“绿色交通廊道”，改善出行环境质量，进而增强中心区的活力，打造极富魅力的旧城中心商业文化娱乐核心区。

下篇　实践篇

第 12 章　历史名城的可持续发展交通规划

12.1　交通发展策略

12.1.1　北京旧城区交通发展策略

城市交通模式的确立主要考虑城市人口与密度、用地规模与密度、经济发展水平。北京旧城交通产生与吸引率强，客运交通需求高，是一个以公共交通为主导的交通发展模式；而对历史文保区而言，是倡导步行与自行车交通的城市模式。

考虑北京旧城的特点，将旧城分为旧城文保区、旧城其他地区、一般地区三大类型，采取分层次、差别化的交通模式。针对这三种类型，从保护模式、交通发展模式、道路网、公共交通、停车系统、步行与自行车系统以及交通政策等方面提出不同的要求。

1）交通设施发展高效、集约化

① 整合旧城已有交通资源，发挥交通系统最大效益；

② 交通枢纽、地铁站点与周边用地开发相协调；

③ 推进地下空间开发与利用，发展交通、商业及其他设施共同组成的相互依存的地下综合体；

④ 加快城市支路网、微循环体系建设，提高路网整体运行效率；

⑤ 增强公共交通末端可达性。

2）交通服务层次化、多样化

① 为不同人群提供可供选择的、不同层次的交通服务；

② 不同区域采取差别化的交通策略与设施供给；

③ 重点落实“公交优先”政策，鼓励步行与自行车交通发展，引导和控制小汽车出行。

3）交通管理精细化

① 实施交通需求管理，抑制一部分交通产生与吸引；

② 将停车作为一种有效的需求管理手段；

③ 削减公务用车数量；

④ 设置交通的低排放区域，实施低排放管理措施；

⑤ 优化历史街区交通组织；

⑥ 加强交通智能化建设，如信息发布、停车诱导等；

⑦ 加强交通法规、交通安全宣传与教育，提升市民交通素质。

4）优化交通出行结构，疏导机动车过境交通

① 进一步增强轨道交通吸引力，扩大地面公交的可达性、增设公交专用道路，整体提升公共交通的服务水平；

② 抑制小汽车出行需求；

③ 为步行、自行车交通出行创造良好、安全的出行环境；

④ 用地与交通协调，全市范围内的用地布局优化促进职住平衡；

⑤ 实施交通管理政策，如拥堵收费、HOV。

5）改善交通环境，落实以人为本

① 维持历史街区的传统胡同肌理和风貌，历史街区采取交通宁静化措施；

② 加强精细化规划与设计，注重细节，如行人过街改善、无障碍设施设置、公交车停靠港湾设计等；

③ 重点改善步行与自行车交通环境，规划设置专用道、风景道、文化探访路等，同时完善自行车租赁体系；

④ 实施差别化的停车供给策略，重点改善文保区居民基本车位需求，有选择性的解决出行车位需求；

⑤ 提倡停车资源共享，推动利用地下空间停车，净化胡同内机动车停车；

⑥ 促进土地的集约利用，在原有停车场上扩容、利用公共设施改造等建设地下停车场。

12.1.2 苏州旧城区交通发展策略

苏州古城已有2500余年的历史，古城布局工整、脉络分明，功能完备，迄今仍然作为苏州市区的核心地区担负着重要的城市职能。随着城市经济和机动化交通的快速发展，与国内其他城市中心区一样，苏州古城也出现了道路拥堵、环境污染等一系列由交通引发的问题[15]。

由于历史上苏州古城街道格局已经基本定型，从保护古城的角度出发，不可能再采用进一步通过扩张道路长度与面积以配合机动车数量增长的方式来缓解交通问题。解决古城交通问题，根本在于通过疏解过于复杂的城市功能，减少该地区的出行需求，同时配合道路设施的调整与改善，并结合明确的交通发展和管理政策，三管齐下。其主旨应围绕“在保护古城的前提下，通过发展完善公共交通，保证交通资源的公平合理配置”。通过适当抑制私人机动化交通的膨胀，还古城内交通资源于高效集约的公共交通系统，引导古城内交通模式向健康持续的方向发展。

1）疏解古城城市功能

鉴于苏州古城内环境、交通等资源十分有限，无法再继续承载太多的城市功能。应该抓住商贸、旅游休闲和居住这三项主要功能，逐步将行政办公、工业、医疗等功能逐步向外疏解，带动古城内人口向外疏散。

2）调整古城道路系统

古城内道路交通状况的改善，一要对内部道路系统进行重新梳理和功能划分；二要发挥城外周边道路交通功能。

① 完善外围路网，屏蔽过境交通

苏州北环快速路的建设和东、南环快速路互通立交的投入使用，进一步减少了古城内部过境类的机动车出行。

② 优化调整内部交通干道功能

一方面，对于古城内部贯穿东西、南北方向的主干路，进一步强化其公共交通走廊的作用；另一方面，通过将有限的道路时空资源更多地向公交系统倾斜，限制或减少私人小汽车占用道路资源。

③ 整理利用古城街巷，构建内部交通系统

在不违背古城保护政策的前提下，将部分连通性良好、具有一定交通价值的街巷，进一步进行完善和整理，纳入到古城道路系统当中，营造古城“安全、宁静”的交通环境。

3）完善古城交通发展政策

古城的交通发展政策应具有古城的特色，其主旨应围绕“在保护古城的前提下，通过发展完善公共交通，保证交通资源的公平合理配置”。通过适当抑制私人机动化交通的膨胀，还古城内交通资源于高效集约的公共交通系统，引导古城内交通模式向健康持续的方向发展。

12.1.3 新太仓历史街区交通发展策略

新太仓历史文化街区位于北京市东城区东部，东起东直门南小街，西至东四北大街，南起东四十条，北至东直门内大街。新太仓历史文化街区现有常住人口约 1.8 万人。平均人口密度约 32 人 /hm^2。

1）交通现状概述

总体而言，新太仓历史文化街区对外交通状况良好，表现在历史文化街区外围公共交通系统较发达、干道系统完善。但仍存在诸如居民停车难、占道停车带来消防隐患、机非混行导致通行环境较差、老龄化人口面临交通安全问题等一系列北京旧城历史文化街区普遍存在的交通问题。

2）交通规划思路

历史文化街区内的交通是一个系统问题，涉及交通政策、交通设施、运营管理、社会效益等诸多方面。在旧城整体的保护前提下进行，交通规划重点在于在已有的胡同肌理与有限的胡同宽度基础上，研究合理的交通发展策略、完善交通设施供给、制定交通组织方案，达到满足居民基本交通需求、改善交通出行环境的目的。

3）交通发展策略

基于新太仓历史文化街区的用地发展规划与定位，提出新太仓历史文化街区的交通发展策略如下：

（1）进一步提高公共交通出行的比例，包括提高地面公交服务水平、做好地铁最后一公里的接驳换乘等措施。

（2）大力鼓励自行车交通，为居民提供安全、良好的骑行环境，适当设置公共自行车租赁点等。

（3）限制外来机动车在历史文化街区内的使用，主要是指分时段的禁止外来机动车的通行与停放。

（4）减少胡同内停车，通过现建地下停车位、停车共享等措施，逐步减少占道停车。

（5）倡导历史文化街区交通宁静化，建设交通安全、安静的居住区域。

12.1.4 国外案例

国外交通发展策略相对丰富，具有各自鲜明的特点，仅在此列举一部分。

1）拥挤收费

伦敦：实施拥挤收费的范围由早期市中心区的 21km² 发展到目前的 40km²，并计划在 2010 年拓展至整个大伦敦地区，实现大伦敦地区成为“低排放区（Low Emission Zone）”的目标。

伦敦市拥挤收费措施如下：①便捷的付费服务措施；②费用减免措施；③巴士系统改善措施；④自行车、步行交通条件改善措施；⑤公众信息措施；⑥交通管理系统升级措施。

伦敦实施拥挤收费政策取得了如下成果：①区域内道路交通明显改观，公共交通得到明显改善；②区域内环境得到改善，空气污染物含量下降，交通事故每年减少 40 ～ 70 次；③拥挤收费不影响中心区的商务活动。

2）地区通行证制度

新加坡：新加坡政府于 1975 年推出地区通行证制度：划定 6km² 区域作为“限制区”，在特定时段需持证且缴费才能进入该区，否则予以重罚。1994 年，全天实行该制度，其结果是降低了该区的交通量，主要道路通行速度提高将近一倍。同时新加坡还建造简洁、紧凑的以公共交通为导向的社区，保证公交能够公平地到达住宅区、学校及医疗社区。目前新加坡的公交出行量占了很高的比例。

3）公交优先政策

瑞士苏黎世：推行公交优先政策，将公交网络划分为三个层次：①放射干线网络式的长途郊区铁路系统，连接城市中心与外围城镇；②第二层次衔接铁路车站，强调衔接的高效性，主要服务全城市；③服务中心区的方格网有轨电车线路，循环往返。

苏黎世同时还实行了对小汽车的“限制政策”，包括：①交通安宁化；②停车限制。

苏黎世实行公交优先政策取得了如下成果：机动出行中62%的出行采用公共交通；居民出行量不断增加，而私人机动车出行总量并没有增加。

4）大运量公共交通＋步行与自行车网络

丹麦哥本哈根：适应指状都市形状，哥本哈根的交通系统采用放射状轨道交通线路＋市中心步行、自行车网络的慢行网络。通过交通系统规划以及美化改善市中心生活质量来加强对公共交通与城市发展的整合，使交通和城市发展协调，减少了中心地区的交通拥堵。

5）步行与自行车交通

荷兰代尔夫特市：自行车网络覆盖全城，网络为400～600m的长方格形，其结果为全市出行结构中43%的出行为自行车，26%的出行为步行，基本不存在交通拥堵情况。

12.2 道路系统规划

历史古城中的支路网一般比较发达，侧重于生活性功能，划分城市肌理的尺度比较适宜步行可达，而古城主干路网和次干路网发育不完善，对于古城公交系统在干路上的敷设覆盖及城市紧急救援通道可达性造成一定的不便。

对历史古城的可达性进行改善时，就不可避免地要在古城中进行新的开发，国内外历史文化城市对于交通道路系统的更新都采取审慎的态度，通常的建议是进行拼贴式开发实现新开发城市肌理与历史肌理尺度的和谐，设置必要的城市干道作为城市公共交通线路敷设道路及紧急救援通道，保持对城市历史空间及历史建筑的尊重并满足现代都市居民的发展需求。

12.2.1　北京旧城道路网调整思路与要点

2004年《北京城市总体规划（2004～2020年）》关于北京旧城道路的专题研究报告中，将旧城的道路网进行了调整，旧城路网功能调整示意图与规划图见图12-1、图12-2。

北京旧城路网功能调整思路如下：

1）旧城交通需求强度高，道路资源有限，必须充分利用地下空间，采取优先发展公共交通的政策，引导交通出行向快速公交系统转移，减少地面的交通负荷。

2）应同时限制旧城的机动车拥有量，控制机动车在旧城内的使用。通过交通结构的调整、交通管理等综合措施改善旧城交通状况。

3）旧城道路网系统要在道路功能、道路性质、道路红线及横断面设计等方面对道路系统进行调整，使之与历史文化名城保护相适应，与旧城交通发展政策相适应。

4）调整旧城的道路功能，将旧城的机动车交通出行尽量吸引到东单与西单南北线、平安大街和广安大街上，并利用上述道路与二环路之间的主要联络通道（主干路），将旧城内的交通尽快疏散到二环路上去。在西单南北线、东单南北线、广安大街及北二环路之间的区域内，调整主、次干道的功能及性质。根据文物及历史文化保护区的保护需要，对道路红线和横断面进行调整。根据历史文化保护区的胡同肌理和空间尺度调整支路系统。

基于以上设想，北京旧城路网功能调整要点为：

1）主干路：旧城只保留4条横贯东西和3条纵贯南北的主干路。将西单与东单南北线、二环路与广安大街之间，保留平安大街、长安街、前三门大街三条主干路，其他主干路一律降级为次干路。

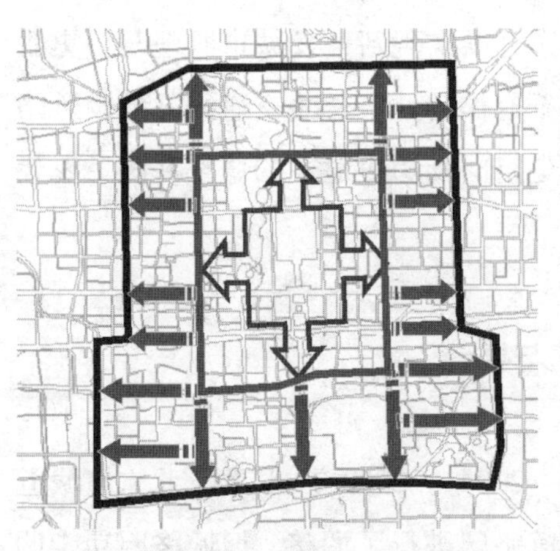

图 12-1 北京 2004 版总规旧城路网功能调整示意图

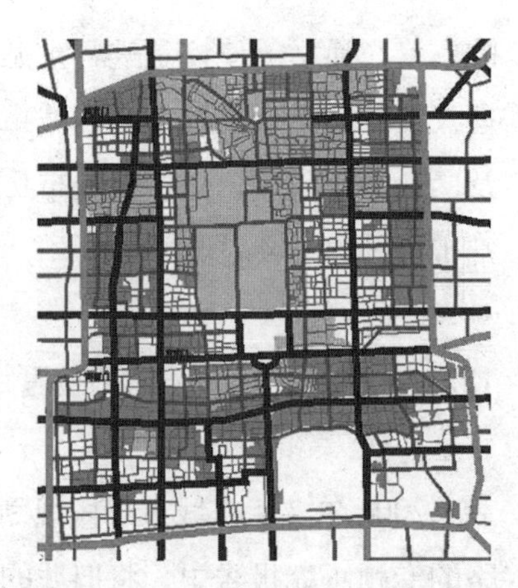

图 12-2 旧城路网功能调整规划图

2）次干路：保留历史文化保护区内的胡同系统，将穿越历史文化保护区的次干路降级为支路，其走向和宽度依照现有胡同的具体情况进行调整。有些尚未实现的次干路由于没有合适的路径将被取消。

3）支路：将历史文化保护区内的支路依照现有胡同的走向和宽度进行调整，“胡同”可以作为城市支路在历史文化保护区中的一种特殊形式。有些区域胡同系统性差，交通组织不顺畅，可根据具体情况，酌情打通或展宽个别胡同。但胡同整体以保护为主，保护原有尺度、胡同肌理。

4）为改善旧城公共交通服务水平，要大力扩充公交支线网，就必须进一步加密旧城支路网。只有这样，才有可能控制旧城内小汽车的通行量。支路网的扩充可以结合旧城危房改造同步进行。实施改造时，支路路径可根据具体改造规划进行调整，但支路密度不得降低。

5）尽可能多开辟一些步行区（街）和自行车交通系统，重造良好的出行环境。

12.2.2 历史街区路网规划策略

2012 年编制完成的《北京市东城区综合交通规划（2012 ~ 2020 年）》中，提出道路网规划遵循的总体原则如下：

1）文保区内坚决不破坏；

2）旧城内充分利用、挖掘潜能；

3）旧城外优化既有路网，适当增加微循环道路，并提高现有交通设施的使用效率。

确定东城区道路网规划目标如下：

1）规划路网必须与东城区交通发展战略阶段所确定的主导交通模式相协调；

2）道路网络系统级配合理、层次清晰、功能明确，整体提升道路网的承载能力；

3）与旧城风貌相协调。

对于历史街区的交通问题，在道路网规划阶段的方案是基于保护层面的，这就要求：地段与街道的格局和空间形式是地段保护的重要组成部分，必须保留历史文化保护区内的街区道路网络和尺度。采用的改善方法主要包括道路等级细分、排除过境交通、交通分流、组织单行道、增建停车场、交通宁静化、严格交通管理等。

（1）进出有序——保障一定程度的机动车出行需求，文保区内部道路网不强调通行速度和通行能力，而以连通性作为评价准则。

在规划实施阶段，可通过改善区域路网和出入口通道、单行组织，提倡使用袖珍公交、社区巴士，调控内部停车等手段达到“进出有序”策略的要求。

（2）集联便捷——历史文化保护区周边干线各交通方式的整合。

在规划实施阶段，可通过设置游览观光公交线路、公租自行车联系轨道站点等手段达到“集联便捷”策略的要求。

（3）快慢结合——主要通过轨道交通实现快速地到达与离开，而在内部倡导步行与自行车交通优先，并在外围区域解决好机动车、旅游车的停放。

在规划实施阶段，在对内部路网体系进行层次化分级的基础上，可依据各自条件进行单向交通组织，采用机非分流或组织步行与自行车交通等措施达到“快慢结合”策略的要求。

12.2.3　历史街区胡同分级体系

北京市历史街区内的道路网络以支路和胡同为主，传统的道路分级体系仅将城市道路分为快速路、主干路、次干路和支路，这种体系并不能完全适应历史文化保护区内道路功能划分的需求。传统的城市道路分级在历史文化保护区主要面临以下问题：

（1）通常以道路宽度来确定等级，忽视历史文化保护区内特殊的土地利用形态，历史遗留形成的路网格局与布局以及潜在的各网络节点间的相互联系和影响。“以宽定级”的分级方法只能应付短期局部交通问题，从长远发展和科学规划设计的角度，必须为历史文化保护区设置一个符合其自身特点的道路分级体系。

（2）机非分流的传统规划理念面临着新的挑战，微观层面上的交通区分虽然使多种交通方式在空间上、时间上分离，却形成宏观层面上的交通融合。

（3）中微观交通规划中，交通组织方式对道路功能等级的依赖作用和反馈作用无法体现出来。这直接导致在进行微循环交通时，缺少依据，微循环的整个过程就是“摸着石头过河”，无法预见其成效。

然而，宽度本身，尤其是胡同的断面宽度，又在历史文化保护区内的道路分级体系中起着至关重要的作用，这主要体现在市政管线铺设、使用功能和交通方式占用三个方面。

从市政管线铺设角度考虑，相关研究表明：胡同宽度在 7 ~ 9m 时，可以布设电力、电信、煤气、雨水、污水和给水六种管线；胡同宽度在 4 ~ 5m 时，可以布设电力、电信、给水和雨污合流四种管线；胡同宽度小于 3m 时，可采用特别技术手段解决市政公用基础设施的布设。

从道路使用功能角度考虑，相关研究表明：宽度在 7m 以上的传统小街或大街可以组织公共交通或一定量的过境交通，提供对外联系交通功能；宽度在 6 ~ 7m 的胡同，一般与城市街道连通性较好，提供内外集散交通功能；宽度在 4 ~ 5m 的胡同，可提供生活服务和休闲旅游两种功能，生活服务功能胡同两侧具有一定的为本地区服务的便民小型商业设施，限制机动车进入，以行人为主，有少量非机动车；休闲旅游功能胡同具有明显的旅游特征，是以步行休闲为主的公益性胡同，一般将机动车或旅游车辆停靠在外围；宽度在 1 ～ 4m 的胡同，主要提供自行车等步行与自行车交通的服务功能，一般交通量很小。

从交通方式占用角度考虑，相关研究表明：

（1）步行交通方式单位宽度 1.0m/ 人，其中人体宽度 0.5m，步行安全距离 0.5m，双向交通所需最小宽度为 1.75m；

（2）自行车交通方式单位宽度 1.5m/ 辆，其中车把宽度 0.5m，行驶安全距离 1.0m，双向交通所需最小宽度为 2.5m；

（3）普通三轮车交通方式（北京旧城高龄居民比较流行的交通方式）单位宽度 2.25m/ 辆，其中车身宽度 1.25m，行驶安全距离 1m，双向交通所需最小宽度为 4.0m；

（4）小型机动车交通方式单位宽度 2.8m/ 车道，其中车身宽度 1.8m，行驶安全距离 1.0m，双向交通所需最小宽度为 5.1m，最小会车宽度 5.0m/ 车道；

（5）小型公共汽车交通方式单位宽度 3.2m/ 车道，其中车身宽度 2.2m，行驶安全距离 1.0m，双向交通所需最小宽度 5.9m，最小会车宽度为 6.0m/ 车道；

（6）公共汽车和旅游车交通方式单位宽度 3.5m/ 车道，其中车身宽度 2.5m，行驶安全距离 1.0m，双向交通最小宽度为 6.5m，最小会车宽度为 7.0m/ 车道。

在研究国外道路分级体系的基础上，结合北京市历史文保区的道路特点，针对现有胡同体系，提出一种新的、细化的胡同分级体系，作为现有道路分级体系的补充。

胡同的四类分级体系（The Hierarchy of ASCR），见表 12-1，即：进出交通功能胡同（Access，A），辅助交通功能胡同（Support，S），休闲、文化探访功能胡同（Culture，C），居住区生活功能胡同（Residential，R）。

（1）进出交通功能胡同（Access，A）指的是胡同宽度在 4 m 以上，与周围城市道路系统具有良好的衔接关系，布置于历史文化保护区内商业用地、办公用地、部分传统居住用地及停车设施等交通吸引发生源周边，主要是历史文化保护区内部起交通集散功能的道路，兼具交

胡同四类分级体系(The Hierarchy of ASCR)　　表12-1

类别	代码	功能描述	宽度条件	土地利用条件
进出交通功能胡同	A	内部集散、应急疏散、部分机动车过境、微型公交出行服务	4～7m单行；7m以上双行	与周围干道衔接良好；商业、办公、部分居住用地、停车设施等周边
辅助交通功能胡同	S	内部集散	4～7m单向交通	居住用地、旅游景点等周边
休闲、文化探访胡同	C	空间活动、观光休闲	宽度不限	特色街道、绿地、水域、社区娱乐场所
居住区服务功能胡同	R	为居民日常生活服务，主要为步行与自行车交通服务	4m以下	传统居住区内部

通防灾功能。当道路宽度小于7m时，建议采用单向交通方式；道路宽度大于等于7m、机动车流量相对较大且道路硬件条件较好时，可采用机动车双向交通的方式。

进出交通功能胡同在规划时需要注意：①布置时应尽量避让学校、幼儿园、社区娱乐场所等敏感场所，不得已布置时必须在场所周边设置交通宁静化设施和交通安全提示标志；②限制行驶速度为20km/h，同时应尽量减少区域外部的过境交通；③各种交通方式均可以通行。

(2) 辅助交通功能胡同（Support，S）指的是道路宽度4m以上、7m以下，布置于特殊用地、医院、旅游景点等特殊设施周边，主要为历史文化保护区内特殊设施服务和内部集散交通功能的道路。因受宽度限制，通常采用单向交通方式。

辅助交通功能胡同规划时需要注意：①禁止大型旅游客车驶入，布置时应多结合道路用地，道路入口处设置醒目提示标志；②限制行驶速度15km/h。路线常为U形；③各种交通方式均可以通行。

(3) 休闲、文化探访功能胡同（Culture，C）指的是道路宽度不限制，布置于特色街道、绿地、水域、社区娱乐场所周边，主要为居民利用城市空间或街道空间进行活动提供服务，为游客观光休闲提供服务的道路。多采用步行与自行车交通方式，限制机动车通行。

休闲、文化探访功能胡同规划时需要注意：①禁止机动车通行，打造纯粹的步行与自行车交通空间，入口处应设置提示标志及相关车辆停放设施；②围绕休闲、健身、旅游等功能，应着重打造与周边建筑协调的街景。

（4）居住区服务功能胡同（Residential，R）指的是道路宽度多为4m以下，布置于传统居住区周边，主要为居民短距离出行、选择公共交通出行提供服务的道路。多采用步行或非机动车交通方式。

居住区服务功能胡同规划时需要注意：①多与休闲、文化探访功能道路衔接，衔接处应设置非机动车停放设施；②位于历史文化保护区边界的该类道路，其两端应设置有公交车站，且一般情况应为50m范围内；③交通方式多样，但以居民步行、自行车交通为主。

12.3 公共交通规划

12.3.1 基于TOD的旧城交通发展模式

TOD概念最早由美国建筑设计师哈里森•弗雷克提出，是为了解决二战后美国城市的无限制蔓延而采取的一种以公共交通为中枢、综合发展的步行化城区。其中公共交通主要是地铁、轻轨等轨道交通及巴士干线，然后以公交站点为中心、以400～800m（5～10min步行路程）为半径建立中心广场或城市中心，其特点在于集工作、商业、文化、教育、居住等为一身的“混合用途”。城市重建地块、填充地块和新开发土地均可用来建造TOD。

许多城市在饱尝了城市恶性膨胀所带来的交通、能源和环境危机恶果之后，开始检讨其城市发展方向，意识到必须限制城市无序蔓延，降低能源消耗、提升生态环境、有效利用资源。其中一项很重要的战略，就是通过公交导向开发TOD策略进行系统的、协调的土地发展和公共交通建设，提出都市的土地开发使用应该朝着公交导向方面，而不是汽车导向（Auto-Oriented）方面进行。

对于旧城而言，基于TOD的旧城交通发展模式[17]的基本内涵如下：

1）公交优先原则

公交优先体现在四个方面：公共交通用地优先、投资安排优先、路权分配优先和财税扶持优先。在政策上，必须优先保证合理的公共交通用地，优先保证公共交通的资金投入，优先保证公共交通的高效运营，优先保证公共交通的换乘方便。应该通过积极的引导，不断提高公共交通方式的比重，稳步提高交通机动化水平，发挥步行与自行车交通短距离出行和接驳公交的功能，逐步形成以公共交通为主、其他多方式的个体交通为辅的交通模式。

公共交通优先的政策中，用地优先尤其重要，旧城用地本身较为紧张，如何保证公交优先，用地优先是关键。旧城公共交通优先，应从上至下体现在：规划先安排、用地先预留、开发方式先进。也就是说旧城公共交通优先应在规划、建设、投资三个方面进行保证。应当建立起适合公共交通发展的用地布局结构、用地控制指标和用地开发方式，为此城市用地应适当保持较为紧凑的发展形态，应当提倡公共交通走廊向外扩展的方式，在公共交通站点和沿线地区应当保持较高的开发强度，应当结合公共交通站点合理安排功能复合的公共服务设施和商业设施，增强公共交通的吸引力和保证公共交通运行所需的客流量，为此建立公共交通发展的城市用地发展模式。

2）多样性原则

旧城人口复杂，各地交通条件供给水平不一样，而人口价值观、收入水平、交通出行方式等均呈多样化。因此应尊重价值观的多元并存，兼顾各种不同社会阶层的利益，对各种不同人群和阶层所需要的交通方式、居住空间和活动空间进行合理的组合。

(1) 提供可供选择的、多样化的交通出行方式，包括轨道交通、常规地面公共交通、出租车、私人小汽车、电动车、自行车、步行等；为残疾人和行动不便的人提供方便；最大限度地满足社会各阶层群体出行的要求。

(2) 提供适应不同阶层的住宅类型以及多样化的就业岗位和公共设施，形成适应不同阶层生活和就业的空间，以便各领域、各阶层和各年龄段的人群获得经常性的日常交往的机会。

（3）提供共享性、多样性和可使用性（指不同阶层的群体都可平等地使用这些空间和设施）的公共空间，最大限度地满足不同阶层相互接触和日常生活的全面需求。

3）统一协调的运营管理

旧城更新改造涉及市规划局、交通局、建设局、环保局、消防局、园林局等各方面的职能范围，在行政体制上涉及市、区两级管理模式。对于相关行政部门来说，他们也肩负着在其职能范围内协调全市相关建设工作的任务。由于各部门责、权、利的差异，在针对具体建设项目的管理和协调中，往往强调各自的利益而忽略其他方面的要求，如公安交通强调城市交通的通畅，市政强调各类市政设施的建设，园林强调城市绿化建设。因此，制定一个清晰的管理程序，并将其法制化；建立一个专门的机构专门负责规划的编制和审批，协调各部门的利益。这些措施将有利于推动旧城更新工作开展，提高工作效率。

12.3.2 北京旧城公共交通一体化规划

旧城公共交通一体化规划的目标为：构建符合旧城发展定位和功能要求，与经济社会、历史文化名城相协调的、以人为本、高效、低碳、和谐、可持续的公共交通系统，形成“轨道交通—地面公交—自行车—步行”一体化的城市绿色交通系统，进一步提高公共交通出行比例。

1）构建一体化的城市公共交通系统

建立以轨道交通作为公共交通系统的主导，以地面公共交通系统为依托，以自行车交通、个人步行方式为辅助的一体化公共交通模式，着力提升不同交通方式间的一体化衔接程度。

2）体现“以人为本”的交通规划理念，提高公共交通服务水平

着重改善公共交通系统内部以及公共交通与其他交通方式的换乘衔接条件，以公共交通换乘枢纽为依托，优化公共交通线网，增强出行机动性、可达性和可选择性，改善换乘设施条件和衔接水平，缩短出行时间，提升服务水平。

3）突出历史文化名城特色，提升城市形象

北京旧城是体现北京世界级历史文化名城文化软实力的重要载体。公共交通系统规划与旧城整体保护相协调，场站、线路、站点等布局规划与历史文化遗产保护与利用思路相一致。

公共交通一体化规划包括公共交通内部的一体化规划及公共交通系统与外部交通系统的一体化规划。一体化规划表现在不同规划在时间上的一致性，不同规划在同一目标下相互协调、相互补充、相互约束；一体化规划是不同规划之间的一种互动规划。同时，公交一体化还包括投资一体化、管理一体化、信息一体化、体制一体化、政策一体化，公共交通一体化体系规划思路如图 12-3 所示。

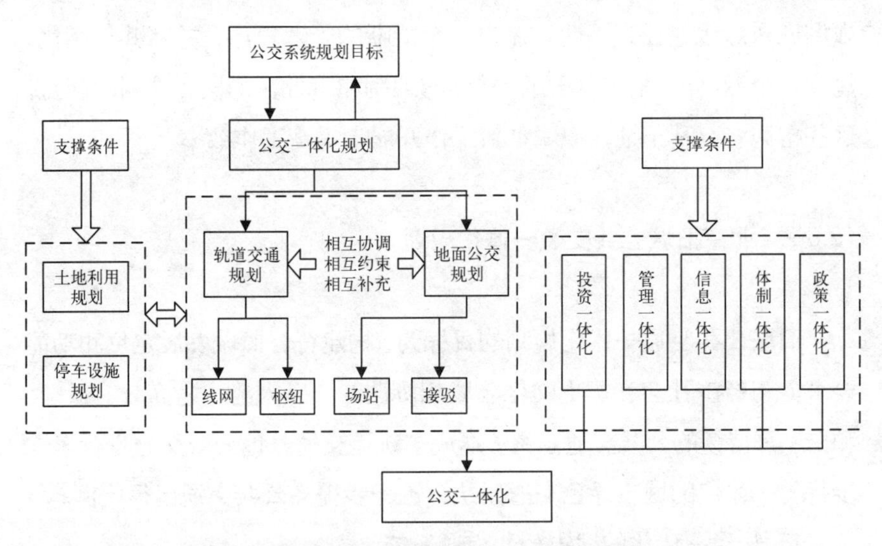

图 12-3　公共交通一体化体系规划思路

其中，管理一体化包括公交运营管理、社会交通管理一体化，体制一体化包括票制、票价一体化。设施整合、运营整合是一体化公共交通发展的基础，管理统一是一体化公共交通发展的保障。

1）轨道线网与公交线网一体化

轨道交通线网与公交线网一体化的关键是要形成多模式多层次的公交网络，轨道交通线网与公交线网要相互协调，实现功能互补。

对于北京旧城，应尽可能减少过境的地面公交线路，充分发挥轨道交通与地面公交的接驳功能，在区域内多布设接驳线路，尤其要加强重点轨道交通站点的地面公交接驳。

接驳地面公交线路的布设可依据实际情况采取以下形式：

(1) 对于具备设置接驳地面公交首末站的轨道交通站点，可考虑将接驳线路公交站点设于轨道交通站点，称为T形接驳，见图12-4，如东直门、北京站；对于新建轨道交通线路的站点，尽可能设置接驳地面公交的首末站。

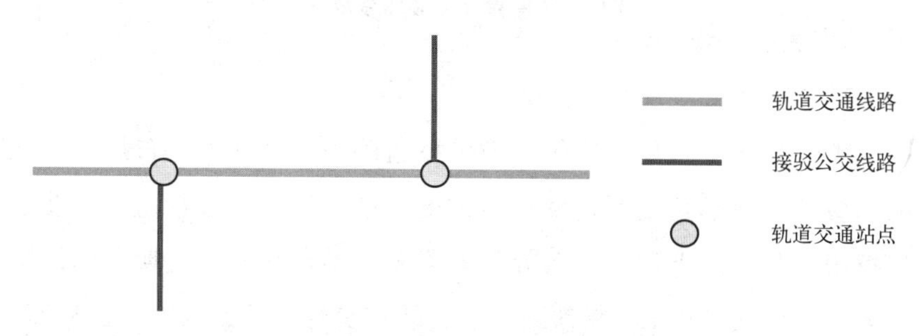

图12-4 T形接驳示意图

(2) 对于不具备设置接驳地面公交首末站的轨道交通站点，可考虑设置相交停靠型接驳地面公交线路，见图12-5。

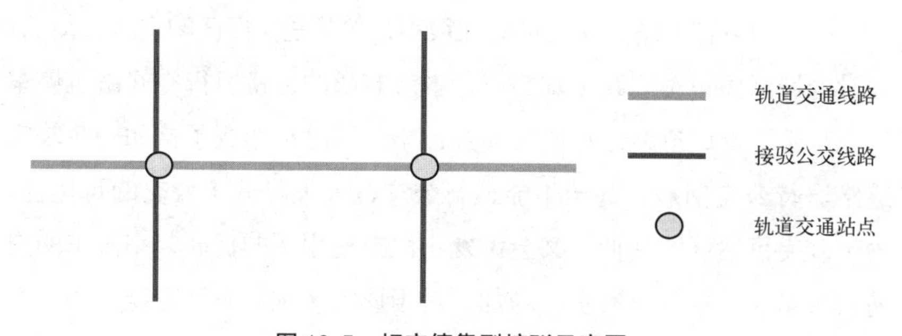

图12-5 相交停靠型接驳示意图

(3) 对于不具备设置接驳公交首末站的轨道交通站点，也可考虑设置停靠型接驳地面公交环线，见图12-6。

同时，应利用正在规划的轨道交通线网，依据地面公交的现状，加强轨道线网与公交线网的一体化。可以根据现有轨道交通线路及规划轨道交通线路，调整地面公交线路，尽量形成层级分明、功能互补、适度竞争的一体化公交线网。

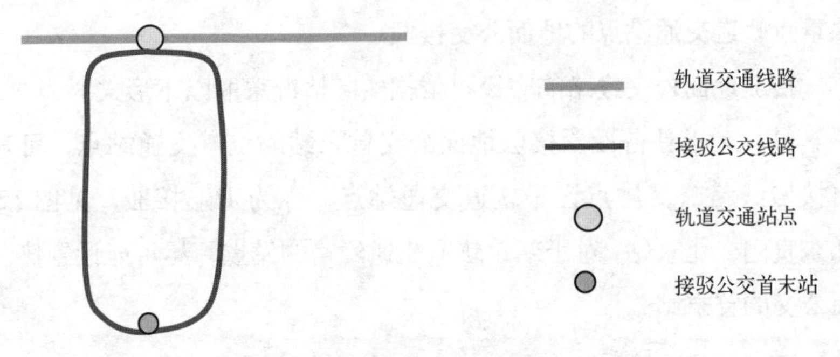

图 12-6 停靠型接驳环线示意图

2）线网与枢纽布局一体化

线网与枢纽布局一体化关键是枢纽的规模、功能、布局要与线网相协调，使枢纽更好地发挥线网的功能，形成分级枢纽。如北京站枢纽，为一级枢纽，是对外交通联系、多种交通方式换乘以及市级大型人流集散中心；集铁路客运、轨道交通、地面公交、出租车、长途客运等交通方式于一体。如东直门枢纽为二级枢纽，集多条轨道交通（M2 号线、M13 号线、机场线）、地面公交、出租车等交通方式于一体。

3）公交与停车一体化

旧城内拓宽道路空间的可能性很小，尤其是文保区的道路、胡同；同时老城区停车难问题更加突出，本就有限的道路通行空间路边停车现象严重，造成道路通行能力愈加低下，同时也造成了诸如一些较窄道路通行公交困难，甚至不能通行公交，大大降低了公交的可达性，由于公交可达性的降低，又会诱发小汽车使用率的提高，小汽车的交通需求增大，道路交通负荷增加。对于该类区域，应尽可能提高公交的出行比例，减少小汽车的出行比例。

由于公交的出行比例与公交的可达性密切相关，小汽车的出行比例也与其可达性有关。因此，旧城区域应尽可能提高公交的可达性，同时弱化小汽车的可达性。要实现这一点，就必须减少路边停车为公交更好地通行创造道路空间条件，这就需要做好该类区域的停车设施规划，尤其要借助于新建轨道交通线路站点、地下空间开发的时机优化停车设施规划，见图 12-7。

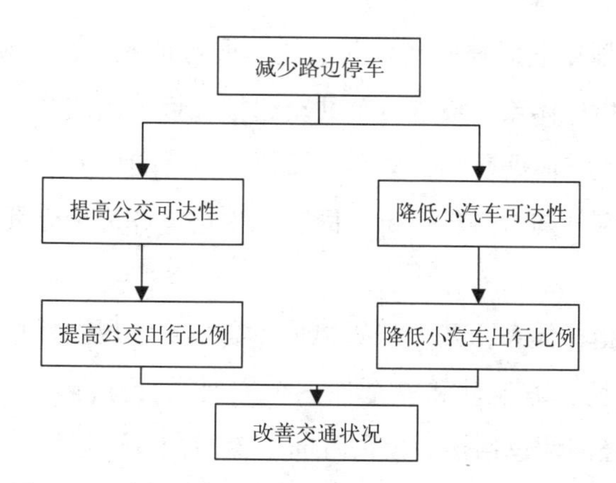

图 12-7 降低小汽车可达性、提高公交可达性示意图

4）枢纽用地一体化

枢纽用地一体化要求枢纽所在区域用地的一体化规划与综合开发。交通枢纽综合体是指集约化组织方式的具体表现，体现为以轨道交通车站为核心，组织各功能板块的垂直联系，形成紧凑、高效、有序的系统。集约型综合体多采用“上盖型”空间，利用城市平台组织商务办公、商业、公建配套等设施而实现城市功能的扩大、延伸与一体化，以及交通空间的立体化模式。

对于旧城，新的交通枢纽综合体的规划设计开发应注意以下几点：

主要体现在以下几个方面：

(1) 尽可能缩短换乘距离，目标是零距离换乘；

(2) 一体化规划停车设施；

(3) 建立连续的步行系统；

(4) 做好商务办公、商业、公建配套等设施一体化规划及其与交通设施的一体化规划；

(5) 地下空间与上盖空间的协调开发；

(6) 解决好交通组织问题；

(7) 通过标识、空间形态的设计等增强空间的导向性；

(8) 做好无障碍设计。

5) 公共交通末端衔接（接驳）一体化

不论是轨道交通还是地面公交，均存在交通“最后一公里”的衔接问题。规划建立适合旧城公共交通发展特征的接驳换乘评价系统。该系统评价指标体系的设置从公共交通接驳换乘系统的基本结构、接驳特征等出发，根据科学、全面、简便、易行的原则来对公共交通系统接驳的便利性与否进行评价，同时要求这些评价指标具有较好的兼容性。

该评价指标体系由两个层级组成，第一层为原则性指标，从接驳系统的经济性、方便性和安全性三个方面进行评价，第二层为具体评价指标，经济性包括接驳换乘时间一个指标，方便性包括换乘距离、平均换乘绕行系数、换乘服务信息、换乘停车设施四个指标，安全性包括换乘设施的安全程度和换乘过街次数两个指标，如图 12-8 所示。每个评价指标根据接驳换乘状况分为 5 个级别，对应的级别为 1，2，3，4，5 级，接驳条件越好，级别越高，从不同的方面对接驳设施进行评价，最后将这七个指标的层级进行相加，得到对接驳设施的综合评价。

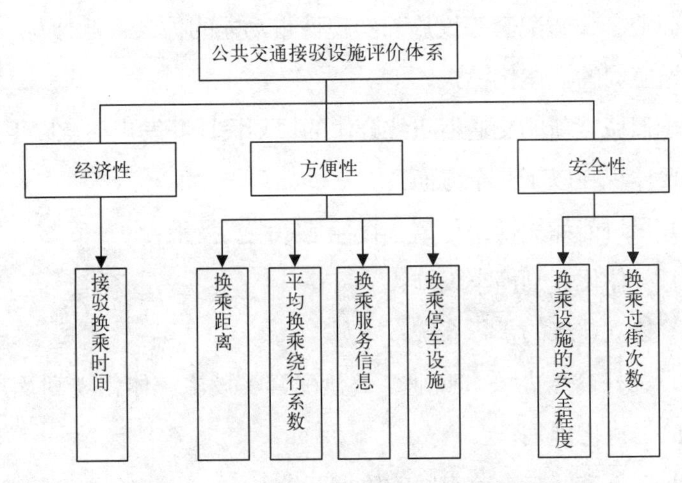

图 12-8 公共交通接驳设施评价指标体系

规划建议利用以上公共交通接驳设施评价指标体系，对已建成的轨道交通站点、主要的地面公交枢纽的接驳设施进行评价，并逐一改进。同时，对于规划的公共交通站点周边，在规划与设计阶段即采用该评价体系，规范并指导接驳设施的规划与设计。

步行交通是公交出行的起始环节和结束环节，提高步行交通出行的安全性、舒适性至关重要。步行服务水平对公交服务水平有直接的影响，同时步行服务水平也是影响换乘服务水平的关键因素。

从公交一体化的角度，旧城步行交通服务水平的提升策略如下：

(1) 尽可能缩短步行距离；

(2) 提高步行道的服务水平，保证步道的有效宽度；

(3) 提高步行的安全性，尤其是行人过街设施的完善；

(4) 提高公交站台的服务水平，包括候车设施、公交信息发布设施等等；

(5) 加强公交站台、轨道站点与过街设施、公共自行车停放点的衔接。

另外，对于轨道交通，除做好与地面公交线路的衔接外，还应为自行车交通创造良好的出行环境，站点周边方便自行车的停放；而对于地面公交站点，主要是方便自行车交通出行。

目前北京旧城内历史街区的公交可达性不高，其道路宽度一般在5m左右，开行普通公交的难度较大，自行车交通是最适宜文保区中、短距离出行的交通模式，应大力提倡。同时，也应规划设置一定量的公共自行车，布设于客流量较大的地面公交站点、轨道交通站点周边。公共自行车停放点的规模应结合服务半径以及周边道路设施的具体情况来确定，同时应制定合理的使用费用标准，完善租还车系统。

6) 运营管理一体化

运营管理一体化对整个公交系统的效率有直接影响，可采取以下的策略：

(1) 成立城市轨道交通与常规公交一元化的管理机构，统一协调管理，提高公交系统使用效率；

(2) 对于公共交通的建设和运营，政府应加强监管、制定票制票价，保证道路资源的配置，并给予运营企业必要的资金保证；

(3) 利用价格杠杆、合理分配收益；

(4) 倡导交通信息一体化。

12.3.3 苏州老城区公共交通发展策略和模式

苏州古城位于苏州市的中心区域，面积 14.2km^2，远期规划人口 25 万人。古城内部的古典园林、文物古迹、古建筑、传统风貌地段以及历史街区，具有重要的历史、艺术和观赏旅游价值，其风貌，在城市规划、城市建筑与古典园林领域中有着突出的地位。因此，必须很好地予以全面保护。另外，古城区又是苏州市整个城市的政治、经济、商业、休闲中心和实际的文化、体育、卫生、教育中心。

苏州市未来城区的发展必须在保护古城风貌的同时，实现古城的现代化，以适应日益增长的交通需求和机动化的快速发展，使古城交通良性可持续发展。但由于诸多因素的制约，古城道路系统改建和扩建的余地都不大，因此，优先大力发展占用道路资源少、旅客运载能力大的公共交通是古城交通良性可持续发展的最有效途径[18]。

根据对苏州市居民的客运出行预测，2010 年古城区与其他区域之间的高峰小时居民客运出行量为 26.2 万人次 /h。如果这些出行全部用标准小汽车进行运送，按每辆标准车平均实载 2.5 人次计算，产生的交通量为 104800pcu/h，这远高于古城区对外通道的理论通行能力。如果改用标准公交车辆进行运送，按每辆标准公交车平均实载 45 人次计算，产生的交通量为 5800 标台 /h，换算为当量小汽车为 11600pcu/h，远远低于通道的通行能力。

苏州市古城区居民出行比例中，自行车、助动车和摩托车的出行占到了出行总量的 61%，比例过高，造成古城区容量超限、交通混乱、不利管理等缺点。古城的公交发展的思路和策略就是利用各种手段和方法把采用这些方式出行的居民吸引到公交出行上来，大力提高公交出行总量，提高古城区交通管理水平。

由于古城现有的公交基础设施薄弱，公交出行比例低下，古城区公交要在较短的时间内得到质的飞跃，必须在规划、用地、价格、政策、管理等诸多方面对公交发展和公交优先实施有效的保证。

1）古城区公交线网与场站的规划研究

苏州市公交线网规划，既要考虑在古城区大力发展公交，在古城内部形成完善、合理和相对独立的公交体系，又要考虑到古城公交与其他区域公交的联系和衔接。在线网规划上，要在古城内部根据居民出行特征和古城路网特点对现有线网进行优化调整，增加路网密度，消除公交盲区，形成合理便利的公交线网。在内部线网合理布设的基础上，做好古城内部公交线网与其他区域公交线网的结合，在整个市域范围内形成合理、协调、统一的公交线网体系。

公交线网内部以及公交与其他交通方式的有效结合离不开枢纽站和换乘点设施的规划与布设，要做到古城区线网相对独立又与其他区域和其他交通方式有效连接，需要在古城区周围区域结合线网的优化和布设合理选址，规划和建设好换乘枢纽、停车场以及相应的配套设施。

2）公交票价与发展政策的研究

由于古城特点和居民出行所形成的既有特征，要合理引导居民出行方式的选择，将助动车、摩托车和自行车出行逐步吸引到公交出行上来，在较短的时期内极大限度地提高公交出行比例，仅仅靠路网和站点的规划是不够的，还必须依靠价格和政策杠杆的有效调节。建议在古城内部继续实行公交低票价政策，甚至实行完全不收费政策。

另外，对古城内部交通拥挤区域可以通过限制自行车进入或停放等措施，引导自行车出行向公交出行转移，提高城市居民的公交出行率；对老城区的主干道可以考虑摩托车、助动车禁行，以减少交通堵塞和拥挤，提高主干道的道路利用率。

3）古城公交优先发展研究

大力发展公交必然离不开公交优先的策略，实施公交优先可以改善古城区公共交通的运行环境，提高公交车速，增加公交的吸引力，达到有效控制交通需求的目的。这要求城市规划、建设和管理部门都在“公交优先”的思想下统一起来，将其作为一项促进苏州交通可持续发展的社会系统工程共同实施。苏州市古城公交优先应该主要从意识、技术、管理、政策等诸多方面加以体现。

应该根据古城区内部道路和交通条件，逐步增设公交专用道路。未来随着公交车辆的增加，限制或逐步取消助动车、摩托车发展，控制私家车进入古城，高峰时段主干道上实施部分车辆禁行。在公交车和其他车辆比例达到协调时，完全可以在古城内部形成较为完善的公交专用道路网络。古城区道路尤其是干道在条件许可的情况下，应该尽量采用港湾式停靠站。公交专用道在交叉口的优先通行是公交优先的重要内容之一。

苏州市在公交优先的规划中应持续以最大限度地满足公交车优先通过交叉口为条件，完善并加强交叉口的公交专用相位的设计，深入研究解决诸如降低冲突交通流对公交专用道的影响等问题。在道路通行权上，公交车应不受单向通行和时段禁行的限制，给予公交车道路通行的优先权。

在意识上，有关部门应该加强宣传和教育，牢固树立全面的公交优先意识。在法规、政策（财政、税收）上，政府部门在综合交通政策上确立公交优先发展的地位，在资金投入、财政手段上确立对公交的倾斜做法，确保规划中的各项优先措施和管理办法得以顺利实施。

12.3.4 旧城公交专用路规划

公交专用路是只为公交车辆行驶的专用道路，其特点是公交具有绝对专用路权，如联系市区与郊区之间的高架道路，或平行于高速公路的新建道路，或是有条件支持的城市支路。

城市支路连通产生客源的地块，因其道路窄，且车道数量较少，因此不适合设置公交专用道。但支路的交通功能弱、社会车辆不多（特别是非高峰时段），因此建议利用支路特点建设“公交专用路”，使有条件的支路成为公交通道。

旧城范围内道路资源有限，除主干路外，多数道路相对狭窄。而现状公交大多分布于交通干道上，历史街区内现状公交的末端可达性较差。从倡导绿色出行，提高公共交通出行比例角度出发，建议利用现状支路和历史文保区内的胡同，设置公交专用路。

与干路上设置公交专用车道不同，公交专用路设于双向 2 车道的支路或是单行路上，并通过交通管理措施禁止穿越每个路口的社会车辆通行，以保证基本为公交车辆专用的目的。公交专用路具有以下特点：

1）运行效果的保障度高

由于该路段除公交车外仅有少量的小区或单位车辆运行，为公交专用路，因此，公交路权可优先得到保障，且专用程度高。

2）能争取多方面的支持，直接形成多赢局面

公交专用路不仅不与社会车辆竞争道路资源，而且可将部分公交车辆转移到支路，为社会车辆提供了更多的道路资源，使干路上车辆的速度和容量有所提高。

公交专用路附近小区居民乘坐公交车也更为便利。沿线应使用性能较高的公交车辆，以避免噪声扰民。

3）合理利用不同等级道路，提高城市路网的效率

城市主干路不再受过多公交车启动慢、上下客频繁的影响，恢复到为长距离、快速交通服务的功能定位。城市支路的利用率可得到大幅提高，且市民出行更为便利。

4）基本无须新建、扩建工程，可节省大量投资

5）公交专用路应选择连通性好的支路，才可取得较好的效果

旧城内的公交专用路体系规划需要结合区域公共交通客流预测、区域交通组织形式、道路条件等综合考虑，同时也应和微型公交线路的布设一并考虑，是一个需要深入研究的系统。

选择北京旧城内一段道路进行示例。北锣鼓巷，呈南北走向，位于安定门内大街西侧，北起安定门西大街，南至鼓楼东大街，全长约866m，宽7m，沥青路面，现状为北向南单行。规划将北锣鼓巷设为公交专用路，道路条件不变，全线禁止停放机动车，机动车通行证适当发放，公交线路为新开的鼓楼片区公交线路。

12.3.5 旧城微型公交系统规划

微型公共交通系统（微型公交系统）包括公共交通工具（中巴）、线路网、场站及公共交通运营管理系统等主要组成部分。其特点是公交线路短，主要服务于社区居民出行或旅游交通，通行道路条件较差，主要以小型节能公共车辆运营，运行速度较慢。

微型公交的优势体现在：提高社区居民出行便利性，解决公交最后一公里可达性问题，覆盖面积广；线路短，车型小，运营灵活，道路、交叉口条件要求低；单条线路运营车辆少，经济性强。

微型公交系统的规划原则如下：

(1) 与用地布局相协调，促进城市发展；

(2) 与城市道路建设相适应；

(3) 兼顾、利用现有线路，综合协调新老线路之间的关系；

(4) 改善社区居民出行，完善最后一公里公交出行；

(5) 结合历史街区保护与发展，促进旅游交通的发展。

微型公交设置要求的技术要求包括运行技术指标要求、公交站台设置要求、运营车辆要求、公交场站设置要求、公交信息发布和微型公交线路布设等方面。

1) 运行技术指标要求

(1) 运送速度

运送速度是衡量城市公共交通客运能力的重要指标之一。城市公共交通运送速度将会影响乘客的出行时间，也会影响其运营成本，同时还会影响运营车辆的配置。运送速度这一指标具有多重运营属性，因此在规划中权衡微型公共交通发展水平的同时，运送速度应具有一定的地位。微型公交系统由于其服务对象、服务环境的不同，运送速度不宜太高。

(2) 覆盖范围

乘客步行至公交车站的最大可接受距离随情况不同而不同。图12-9是北美一些城市对最大可接受步行距离的研究。但仍然可以看出大部分乘客的最大可接受步行距离约400m或更少，大约相当于5min的步行时间。其他因素如步行环境、路网形式等对最大可接受步行距离都会产生不同程度的折减。

根据微型公交系统的服务对象、服务环境，可将300m作为步行最大可接受距离。

(3) 发车频率

公交以怎样的频率提供服务以及何时提供服务，对出行者决定是

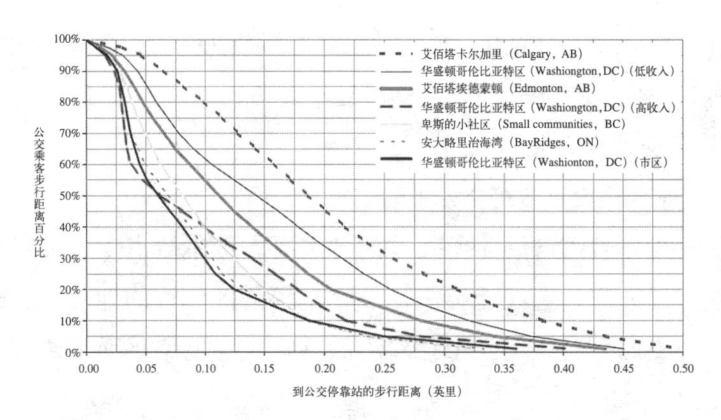

图 12-9　不同区域到站步行距离分布图

否使用公交或者是否方便乘坐公交是非常重要的。公交车发车频率越高，当乘客错过一班公交车或者不了解公交车的时刻表时，其候车时间越短，同时，乘客在选择出行时间的时候也会具有更大的灵活性。

（4）准时性

只有公交准时性得到保障，才能够使越来越多的乘客信任公共交通，乐意乘坐公交。影响公共交通准时性的因素主要包括公共交通系统发车时间稳定性、公交车辆在途运行时间可靠性。可以用车头时距稳定性来衡量其准时性，见表 12-2。

$$C_{vh}=\frac{\text{车头时距偏离的标准差}}{\text{计划车头时距}} \tag{12-1}$$

式中　C_{vh}——车头时距变异系数。

车头时距变异系数说明　　表 12-2

类别	车头时距变异系数	说明
1	0.01～0.21	提供准时的服务
2	0.22～0.30	车辆轻微的偏离计划的车头时距
3	0.31～0.39	车辆通常偏离计划的车头时距
4	0.40～0.52	不规则的车头时距，有车辆聚串现象
5	0.53～0.74	频繁发生的车辆聚串
6	≥0.75	大多数车辆聚串

结合微型公交的特点，车头时距变异系数在全天大部分时间应位于类别 1，早、晚高峰允许出现短时处于类别 2。

2）公交站台要求

公交站台应设置应符合如下的要求：

在公共交通线路沿途所经过的各主要客流集散点上，站点应沿街布置，站址应该选在能够满足公交车辆的停和行的地方，在路段上设置公交站台时，上、下行对称的站点宜在道路平面上错开，即叉位设站。

在交叉路口附近设置公交站台时，一般设在交叉口 50m 以外处。微型公交的站点位置应该距离交叉口或路口有一定的距离，同时考虑到微型公交行驶的道路条件，交叉口比较多且相邻交叉口之间相距不太远，因此建议相距 30 ~ 50m；另外由于有些道路沿线住户或是小型商铺比较集中，站台设置不当也会给沿街住户的进出和商铺顾客的进出造成不便，所以建议站台的设置地点应该距离居民的进出通道有 5 ~ 10m 的距离。

微型公交的职责是服务社区居民出行，公交站台在选址时还要考虑到与社区外围公交、地铁的链接，便于乘客在微型公交与地铁及其他公交之间换乘，见图 12-10。

图 12-10 小型公共汽车

针对微型公交而言，如果具备普通站台的设置条件或道路空间富余，可以在微型公交的站台设置候车亭等站台设施，若是在次干路或是支路道路上，道路行驶条件（车道数、路侧停车、沿线居住人群等）

一般会比较差，通常不具备常规公交那样的条件，这种情况建议只在停靠站点设置简易的公交站牌，并根据沿街的建筑条件，安置在易于乘客识别的位置。同时由于微型公交的车辆车型较常规公交要小，底盘要低，所以不建议在此种道路条件下设计专门的站台形式或是对停靠点处路缘带进行抬高。

3）运营车辆要求

合理的配置公交车辆的车型与容量，从质量上的配备运力，保证微型公交的运能，满足不同层次居民出行的要求，达到提高公交企业服务质量和节约成本的目的。

4）公交场站设置要求

微型公交系统的公交场站除了满足传统的公交布局原则，还需要考虑微型公交的特殊性。例如，微型公交服务对象是社区居民和旅游人群，其线路大多深入用地较紧的居住用地，在规划时更需考虑好用与经济性的关系；深入居住用地也意味着对环境的要求需提出更高的标准。

根据《城市公共交通站、场、厂设计规范》首末站的规划用地面积宜按每辆标准车用地 90 ~ 100m^2 计算。若该线路所配营运车辆少于 10 辆或者所划用地属于不够方正或地貌高低错落等利用率不高的情况之一时，宜乘以 1.5 以上的用地系数。

5）公交信息发布

公交信息是为了乘客了解公交服务是何时在何地提供，怎么去使用公交服务。尽管公交是出行的一个很好选择，但是如果没有信息，有些乘客也不会使用公交服务。主要包括以下几方面内容：

（1）出行前公交信息查询系统：主要提供静态的交通信息，出行者在出行前通过电话、个人电脑、广播、有线电视等途径查询公交车辆的线路、途经站点等信息，作为选择最佳乘车线路及出行时间的依据；

（2）车站 / 路边的公交信息查询系统：除了提供静态交通信息，更主要是为出行中的公交乘客提供动态交通信息，主要是通过电子站牌系统的 LED 滚屏，显示所有经过该站的公交车辆运行情况，让乘客在站台候车时，便能获悉所要乘坐车辆的位置及到站距离、预估时间等信息；

(3) 车上公交信息查询系统：也是主要为出行中的公交乘客提供静态或者动态信息，主要是通过车内电子显示板，能动态地显示车辆的位置信息、到站所需要的时间，还能显示车辆换乘信息，方便乘客到站换乘；

(4) 综合公交信息查询系统：它是以上几种方式的综合运用，它主要集合一个或多个服务系统的实时或静态数据，并通过多种方式收集、合并、校正和传递信息。

6) 微型公交线路布设

旧城内现状道路狭窄，平均宽度在5m左右。现状文保区内地面公交较少，某些区域甚至没有。文保区既要满足当地居民的出行需求，又要对文物做最大程度的保护。建议结合区域交通组织规划，研究开设微型公交。规划选取具有典型历史意义的鼓楼区域和前门区域作为案例，对微型公交线路的规划、场站的需求等进行研究。

以北京市的鼓楼地区为例。该区域位于北京市旧城中轴线北部，西起鼓楼西大街、地安门外大街，东至安定门内大街、交道口南大街，南起地安门东大街，北至二环，面积约2.28km^2，以老北京人居住为主，见图12-11。该区域也是北京市有名的旅游景点，被称为“北京古都风貌中一块保存完整的‘碧玉’”。

图12-11 鼓楼区域胡同

居民依靠现状胡同实现对外交通联系，然而现在胡同宽度较窄，大量的胡同内停车也导致胡同更加拥挤。该区域同时也吸引大量的游客，三轮车游览成为一种特色服务。

以300m为服务半径，该区域地面公交的覆盖率仅为60%，公交的末端可达性较差；加上较大量的旅游交通需求。规划在该区域开行低碳、环保的微型公交，重点为区域居民服务，同时兼顾旅游人群的需求。

采用单行组织，以北锣鼓巷顺时针方向到鼓楼东大街，交道口南大街，沿地安门东大街、地安门外大街到宝钞胡同。该线路全长约5.3km，跨越鼓楼南北两片区域。按5 ~ 10min发车频率、车速10km/h，需要约7辆公交车。

微型公交首末站设置应首先考虑布置在已有的或规划的地面普通公交场站处，其次考虑可利用城市用地，新建微型公交场站。鼓楼区域周边可以改造利用的土地有限，规划将首末站布置在北锣鼓巷北端靠近二环处，采用用地复合开发利用的模式，规划面积为1000 m^2。

12.4 停车规划

12.4.1 历史名城与街区停车发展策略

停车发展策略应结合城市或区域的发展定位，在需求预测的基础上，分析供需情况，制定因地制宜、具有可操作性的停车发展策略。笔者在此以北京旧城区为例。

《北京旧城控制性详细规划》中提出：旧城内布置适量的停车设施，可以起到规范旧城交通秩序的作用，但应与中心城区别对待。文保区周边结合道路规划设置小型停车场，满足旅游需求。大型公建、商业中心地区修建少量公用停车场。

《北京市东城区空间发展战略规划（2011 ~ 2030年）》提出要实行差别化的机动车停车供给策略；采取多种措施，力争保证基本车位（夜间泊车）一车一位；旧城区内只满足最基本的机动车停车需求，限制旧城区内的社会公共机动车停车场供给，并通过调整收费价格实现机动车停车的供需平衡。

《北京市东城区综合交通规划（2012 ~ 2020 年）》中结合东城区总体发展策略与东城区交通基础设施发展策略，确定东城区停车发展策略如下：

1）优化出行结构，引导停车需求适度发展

结合东城区自身位于首都心脏地带、资源有限、文物保护单位众多的特点，应通过停车政策、策略及公共交通的引导，优化出行结构，引导停车需求适度发展从而打造一个绿色环保出行的新东城。

2）因地制宜，区别对待

根据东城区的功能定位和用地情况，对不同区域的停车采取差异化策略，配合实施交通管理，实行差别化的停车供给，将停车配给作为调节动态交通需求的有效手段。

3）政府引导，民间投入

停车是一种产业，只有将政府在停车发展中的强制性、引导性和扶植性行为变成市场经济条件下的主动性行为，静态交通发展才能步入健康发展的轨道。

4）科技投入、信息管理

依靠科技进步，研究发展节地、节能、环保型停车技术及相关标准规范；应用现代信息技术建立公共的停车管理信息技术系统，鼓励（机械式）立体停车设施的建设和使用。

5）积极利用地下空间，建设地下停车场，缓解区内停车压力

东城区历史悠久，是北京文物古迹最为富集的区域，可利用土地资源较少，基于东城的这种历史特征，交通规划必须要考虑到文物保护区，因此可鼓励地下停车空间开发与路侧停车的规划，充分利用城市建设的边角地建设停车设施。

地下空间的合理利用对于解决历史地区风貌保护和地区发展之间的矛盾具有积极意义，但也应采取谨慎态度。可结合局部地段的改造开展，在历史文化保护区外围设置地下停车设施。结合“微循环”的改造方式适当利用地下空间，注意避让文物和地下有价值埋藏等历史资源。

6）积极利用东城的轨道、快速公交交通网络，发展公共交通与非机动车相结合的交通出行模式。

充分利用东城区已有的这些宝贵资源，采取多种措施与策略，引导居民乘坐公共交通，逐渐形成公共交通与非机动车相结合的交通出行模式。

7）近期路侧夜间限时停车策略

在居住小区周边道路满足交通功能的情况下，夜间可以利用路侧进行限时停车，缓解停车供需矛盾，突出居住小区夜间的停车需求，而白天进行限制停车策略，还道路空间于交通通行。

8）停车场建设实施、共享保障策略

建立健全法制，使规划建设停车场有法可依；健全组织管理体系，保障规划停车场的顺利实施；多方落实资金，形成必要的资金保障体系；加大科技投入，建设示范工程；完善监管体系建设，保证在建拟建停车设施顺利完成；加强社会宣传工作，提高民众参与度。

12.4.2 北京东城区停车需求预测与管理规划

1）停车需求预测

常用停车需求预测方法主要有：停车发生率模型、相关分析模型、机动车 OD 预测模型、交通量 - 停车需求模型等 4 种。基于已有的数据资料，对常用停车需求预测方法的适用性分析，并为消除单一预测方法的不足之处，提高预测的精度，停车需求预测从上面四种常用模型中选取两种：

相关分析模型适用于对一个大型、综合区域进行预测，选取区内人口数量、机动车保有量等对停车设施需求影响较大的参数，对未来年停车需求进行回归预测；机动车 OD 预测模型建立在提出城市交通发展战略基础上，根据城市交通规划预测的机动车 OD 资料，按照机动车 OD 预测方法推算出机动车停车需求量。

将两种预测方法得到的结果综合对比分析，同时结合国际停车研究共识所采用的机动车保有量预测模型，得到最终的停车需求预测结果。

2）停车供给预测

结合东城区停车发展策略，2020 年东城区的停车供给主要由公建配建停车位、社会公共停车位以及路内停车位三大部分构成。

在现状用地即 2020 年用地规划的基础上，结合东城区可改造用地资源以及未来的用地更新改造，结合共享车位的实施，预测 2020 年的停车供给。

为细化研究，将停车供给分为基本车位的供给与出行车位的供给两大类。

(1) 基本车位的供给由居住配建、公建共享以及夜间路内停车三部分组成。其中，居住配建是居民基本车位的主要供给来源；另外，假定至规划年东城区的公建配建车位中能有 10% ～ 30% 的比例能为居民停车共享。

2020 年基本车位的供给 = 居住配建 + 公建共享 + 路内夜间停车（12-2）

(2) 出行车位的供给由公建配建、社会公共停车场、路内白天停车三部分组成。其中，公建配建是出行车位的主要供给来源；社会公共停车场主要为短时的停车需求服务，而路内停车仅是一种补充。

2020 年出行车位的供给 = 公建配建 + 社会公共 + 路内白天停车（12-3）

3）供需对比分析

结论 1：2020 年东城区基本车位缺口巨大，远达不到 1∶1 供给；应采取非常规的措施：如差别化供给、鼓励居民放弃车辆拥有、新建居民停车的停车设施等，缓解基本车位的供需矛盾。

结论 2：2020 年东城区出行车位需求可基本满足，但结合东城区交通发展策略，停车将作为一种有效的交通需求管理的手段。

4）停车管理规划

(1) 区域差别化停车供给与管理政策

根据东城区的功能定位和用地情况，将东城区分为历史街区和建成区，对不同区域的停车采取差异化策略，配合实施交通管理，实行差别化的停车供给，将停车配给作为调节动态交通需求的有效手段。

对于历史街区，制定相应的管理政策如下：

① 文保区应设置路外公共停车场、路侧停车设施来弥补基本停车位不足的现象；

② 积极发展停车换乘体系，鼓励居民使用公共交通；

③ 在交通繁忙地区通过控制停车规模和经济手段来调节停车的需求与供给，使之保持一种适度的平衡；

④ 地下停车空间的开发与规划必须考虑到文物保护区。

对于已建成区，制定相应的管理政策如下：

① 新建停车场应以立体停车方式为主；

② 适当划设路侧停车位弥补已建区域配建车位的不足；

③ 鼓励地下停车空间的开发与综合利用；

④ 鼓励改建或扩建院落时，在院落内自备停车位。

(2) 区域差别化停车配建标准政策

根据周边公共交通设施规模的不同，分别采用不同的停车配建标准。分为两类区域：文保区采用低限标准，建成区采用高限标准。

(3) 提倡配建停车设施向社会开放政策

据东城区配建停车场负责人的反馈信息可知，目前东城区对外开放的停车场占 70.9%，未对外开放的配建停车场的比例为 29.1%，仍占很大比例，因此，合理利用配建停车设施，实行社会开放政策，可有效缓解东城停车问题。

(4) 积极拓展地下空间，提倡共享停车位的规划理念

充分利用地下空间，建设地下停车场，文保区应注意避让文物和地下有价值埋藏等历史资源。对东城区的停车现状进行分析，找出了利用的间隙，使一处停车场为两个或两个以上的独立场所提供足够且没有冲突或干扰的停车空间，实现停车共享，节约资源，缓解停车压力，解决停车问题。

(5) 积极发展自行车换乘停车政策

B&R 换乘停车场是指在各个轨道交通车站及地面公共交通车站设

置的自行车停车换乘场地。这些换乘停车场低价或免费为私人汽车、自行车等提供停放空间，辅以优惠的公交票价政策，能够引导乘客换乘公共交通方式进入城市中心区，减少私人小汽车在城市中心区的使用，缓解东城区交通压力。

(6) 老旧小区停车管理策略

老旧小区停车管理策略应结合小区具体情况进行管理，主要管理策略有：共享周边停车位，夜间开辟路侧进行临时停车，同时可以限制外来社会车辆进入小区，规划新增建的停车场宜建成地下停车场，此外积极鼓励家庭自备车位，以缓解老旧小区停车矛盾突出的局面。

总体而言，规划从停车设施供给、停车需求的抑制、管理手段等方面提出相应的措施，如表12-3所示。

停车管理规划措施 表12-3

管理方面	具体措施
增加供给	停车共享：与周边单位进行停车位共享
	夜间开辟路侧临时车位，缓解居民夜间停车需求
抑制需求	调整出行方式、鼓励驻车换乘（P+R）
	商业摆渡车服务
完善管理	加强停车信息管理系统建设
	小区路侧停车，居民优惠政策
	加强停车执法，规范停车秩序
	小区胡同宜采取单行单侧停车政策
	建设停车示范街，充分发挥示范作用
	鼓励私家车停在学校附近停车场，步行至学校
信息化	停车诱导系统
	停车预订服务
	停车违章拍摄与处罚

12.4.3 北京旧城停车设施规划

北京旧城的停车设施规划，应遵循以下原则：

① 遵循北京城市总体规划、北京市“十二五”国民经济和社会发

展规划的规划目标与原则；

② 积极改善老旧小区、胡同平房区居民停车难的困境；

③ 优先保障涉及民生的停车需求，优先满足三甲医院的停车需求；

④ 集约利用土地的原则。

1）停车配建指标研究

北京市已组织对新增建筑物的配建指标进行研究、调整，研究拟将建筑物进行分区，并相应地采取不同的要求。

北京市新增建筑物配建指标分级 **表12-4**

指标级别	主要策略	范围
旧城保护区	停车控制区	旧城保护区 （二环以内）
一类	适度供应区	二环到三环之间
二类	弹性指导区	五环路（含）以内除一类地区以外的其他区域及新城建设区
三类	宽松发展区	中心城五环以外除新城建设区的其他地区

旧城为停车控制区，其配建指标以一类地区规定配建标准作为上限值，其他分区推荐指标均为下限值。北京市旧城区、大中型公建配建指标（机动车）推荐值（注：数据来源于北京市居住区、大中型公建配建指标（机动车）研究成果）如下所示：

对于别墅或面积超过 200m^2 的商品房，旧城保护区上限为 1.1 车位 / 户，下限为 0.8 车位 / 户；对于普通商品房，其上限为 1.1 车位 / 户，下限为 0.8 车位 / 户；对于两限房，其上限为 0.6 车位 / 户，下限为 0.5 车位 / 户；对于经适房，其上限为 0.4 车位 / 户，下限为 0.3 车位 / 户；对于公租房，其上限为 0.6 车位 / 户，下限为 0.5 车位 / 户；对于廉租房，其上限为 0.2 车位 / 户，下限为 0.1 车位 / 户。

对于区域性综合医疗中心，旧城保护区按 1.2 车位 /100m^2 建筑面积进行配置；对于社区卫生服务中心站，按照 1.5 车位 /100m^2 建筑面积进行配置。

对于行政办公，旧城保护区按 0.45 车位 /100m^2 建筑面积进行配置；

对于商务办公，按 0.35 车位 /100m^2 建筑面积进行配置。

对于中小学、幼儿园，旧城保护区按 0.2 车位 /100 位师生进行配置；对于大专院校，按 0.4 车位 /100 位师生进行配置。

对于科技馆、博物馆、图书馆，旧城保护区按 0.4 车位 /100m^2 建筑面积进行配置；对于会议中心，按照 0.6 车位 /100m^2 建筑面积进行配置；对于展览馆，按照 0.3 车位 /100m^2 建筑面积进行配置。

对于餐饮、娱乐，旧城保护区按 1.5 车位 /100m^2 建筑面积进行配置。

对于大型超市、仓储式超市，旧城保护区按 0.6 车位 /100m^2 建筑面积进行配置；对于综合市场、农贸市场、批发市场，按照 0.7 车位 /100m^2 建筑面积进行配置。

对于风景公园，旧城保护区按 0.8 车位 /hm^2 占地面积进行配置。

另外，对于传统平房区，应鼓励有条件的院落建设庭院式停车位，在庭院内部解决自身停车需求。

2）社会公共停车场规划

根据北京市中心城控制性详细规划，北京旧城内社会公共停车场 40 处，占地 7.54hm^2，平层提供车位 4616 个。其中旧城文保区内社会公共停车场 10 处，占地 2.17hm^2，平层提供车位 1068 个；非文保区内社会公共停车场 30 处，占地 5.37hm^2，平层提供车位 3548 个。

通过现场调查，旧城内社会公共停车场规划实现率为 35%，停车位实现率为 31%，停车场用地实现率仅为 11%。而未实现规划的停车场多位于现状永久建筑、绿地上，现阶段实施性较差。

考虑旧城土地资源的稀缺、现有停车用地出让政策等因素，提出在旧城提出利用地下空间或复合型土地利用，规划一部分复合型公共停车场，以改善基本车位供需矛盾，同时兼顾就医、旅游的停车需求。

复合型公共停车场主要是为缓解东城居民基本车位的供需矛盾而建立的，可独立占地，也可不独立占地，结合用地规划部门梳理的可改造、可利用空间资源梳理，主要利用尚未实施危改用地、与改善民生相关用地、产业发展用地以及其他有条件改善用地这四种可利用资源布设复合型公共停车场。复合型公共停车场一般设置在老旧小区、平房区、文保区附近，应保证步行距离较近或设施有接驳服务；其服务对象主要为附近居民，为居民夜间停车服务；白天允许部分空闲资源对社会开放。

复合型公共停车场选址规划原则如下：

① 利用旧城内尚未实施危改用地、与改善民生相关用地、产业发展用地以及其他有条件改善用地这四种可利用资源布设复合型社会公共停车场，布局重点在于一类地区，即平房区。

② 复合型公共停车场为缓解居民基本车位供需矛盾而建立，应主要解决居民夜间停车需求；一般应设置在平房区、老旧小区附近，保证步行距离。

③ 考虑在医院附近、主要旅游景点周边布设；大型旅游景点周边的复合型公共停车场还应考虑大巴的停车需求。

④ 停车设施布局应结合土地利用与道路交通状况，保持停车场出入便捷，同时又不应对交通造成较大影响。

目前，北京旧城内停车在停车结构中比例过高，应有计划的逐步减少路内停车泊位，控制在3%～5%。

北京旧城路内停车的规划原则是：尽量减少对交通通行的影响，逐步减少路内停车；实行分时、分段停车；充分利用立交桥下空间停车。为规范道路两侧停车，避免路侧停车对交通造成重大影响，根据相关停车课题研究成果，设置路侧车位应符合的条件如下：

(1) 道路等级条件

支路、交通负荷度较小的次干道以及有隔离带的非机动车道上。

(2) 道路宽度条件

单侧停车：道路宽度应大于8m小于12m。

双侧停车：道路宽度应大于12m。

有机非隔离带的道路：非机动车道宽度应大于4.5m。

在北京旧城区域，尤其是居民区，周边道路在满足交通要求的情况下，可进行夜间路侧限时停车政策，以缓解周边居民停车难问题，而日间在不满足设置路侧车位条件的情况下，则不允许路侧停车，还路于交通。

12.4.4 北京雍和宫周边停车改善方案

雍和宫位于北京市东城区北部，北邻地坛，西接孔庙、国子监，且为国家级重点文物保护单位，是北京旅游胜地，其周围地区停车情况十分紧张。周边停车共6处，分别为地坛南门停车场、雍和宫桥下停车场、雍和宫南门停车场、国子监停车场、青龙胡同停车场、三利大厦停车场，泊位共计657个。

通过对雍和宫地区停车设施调查结果的分析，结合现场观察以及询问、走访发现，雍和宫地区主要存在以下停车问题：

1）停车设施分布较分散，停车场泊位供不应求

雍和宫的配建停车车位数量与所吸引的停车需求不平衡，雍和宫内停车场停车泊位数较少，且一半左右用于工作人员停车，十一调查期间，雍和宫内停车场早上不对游客开放，所以游客一般将车停在国子监街两侧，或雍和宫桥下停车场，或地坛南门停车场，增加了游客到目的地的距离，降低了停车场的服务水平。尤其在旅游旺季，外地游客较多，对该地区道路设施及停车设施不熟悉，停车需要相关工作人员指引，这种暂时性停车严重影响雍和宫大街交通畅通，在交通高峰期容易造成交通拥堵，同时也破坏了城市景观。

2）停车设施供需分布不均

根据调查数据分析，距离雍和宫较远的地坛南门停车场的平均泊位利用率为30%，而雍和宫桥下平均泊位利用率较高为55%。根据停车者行为问卷调查结果表明：在地坛南门停车的雍和宫游客较少，在随机调查的35份行为问卷中，只有两个停车者的停车目的为雍和宫。地坛南门停车场的高峰停放指数约为23%，停车供应充分；而雍和宫桥下停车场高峰停放指数为100%，停车位供应紧张，停车等待时间长。

3）部分停车场利用率不高，造成很大的资源浪费

通过对雍和宫地区停车场高峰停放指数等指标的计算，停车场利用率普遍都较低（雍和宫桥下停车场除外）。由于部分停车场主要是服务于周边的办公单位，造成在假期内这些停车场得不到充分的利用。如青龙胡同停车场、三利大厦停车场等。

4）停车场管理落后，缺乏停车引导

停车场均采用人工管理、人工收费的形式，停车场管理落后；其次，停车场与停车场之间缺乏必要的引导标志，由于雍和宫外地游客较多，对周边的道路、停车设施并不熟悉，这样停车场的引导标志就很重要，而雍和宫地区各停车场基本没有停车引导标志，致使有的停车场供不应求，有的停车场停放指数却很低。

雍和宫地区位于文物保护区，用地资源紧张，根据其特殊情况，确定停车改善原则及方案如下：

① 鼓励公共交通、旅游大巴的出行方式；

② 遵循文保区的自然风貌保护原则；

③ 停车改善方案：共享周边相邻停车场。旅游大巴采用停车与乘降分离的方式，游客在雍和宫停车场下车，之后将旅游大巴停放在地坛公园。

同时确定雍和宫地区停车改善方案改善保障措施有：

①雍和宫停车场的大巴接驳区规划；

②雍和宫周边停车场引导信息的三级发布；

③加强国子监路侧违章停车交通执法。

另外，在调研雍和宫周边停车资源利用情况的基础上，研究制定停车共享方案步骤如下：

1）雍和宫周边共享停车场筛选

雍和宫周边停车场的分布以及停放指数变化如表12-5所示。

雍和宫周边停车场分布情况表 表12-5

停车场名称	与雍和宫的距离（m）	停车高峰时段	高峰停放指数
地坛南门停车场	700	11:00~13:00	22.4%
雍和宫桥下停车场	430	11:00~12:00	100%
北新桥停车场	500	11:00~13:00	100%
簋街停车场	500	19:00~20:00	100%

根据共享停车场的筛选原则：共享停车场在可接受的步行距离范围内及共享停车场停车泊位高峰错时，可确定簋街及地坛南门停车场为

共享停车场。

2）确定共享停车场停车共享时段

为满足雍和宫的停车需求，综合考虑选取 11：00 ~ 14：00 作为可共享停车场的停车共享时段。

3）确定共享时段内各停车场可共享泊位数（见表 12-6）

雍和宫地区共享时段内各停车场可共享泊位数　　表12-6

停车场名称	地坛南门停车场	簋街停车场	合计
停车泊位数（个）	415	85	500
11:00~14:00高峰时段停放指数	22.4%	64.8%	—
11:00~14:00高峰时刻所需车位数（个）	93	55	148
11:00~14:00可用于共享泊位数（个）	322	30	352

4）停车共享后雍和宫地区的停车供给分析

实施共享停车方案后，在雍和宫高峰停车期间（11：00 ~ 14：00），停车供给总数为 436 泊位，大于高峰时停车需求的 212 泊位。雍和宫高峰停车需求与停车共享方案各停车场供给如表 12-7 所示。

雍和宫高峰停车需求与停车共享方案各停车场供给　　表12-7

现状停车需求与供给情况		泊位数（个）
高峰时段停车需求		212
停车供给	雍和宫南门停车场	50
	雍和宫桥下停车场	34
	簋街可共享泊位数	30
	地坛南门可共享泊位数	322
停车供给总数		436

同时，研究提出停车规划方案保障措施，如下：

（1）雍和宫停车场的大巴接驳区规划：设置地铁停车场为大客车专用停车场，在雍和宫南门停车场设计大客车临时停车位，游客在雍和宫停车场下车后，旅游大巴驶往地坛公园南门停车场停放。

(2) 雍和宫周边停车场引导信息的三级发布：在雍和宫周边布设停车信息标志，指示停车路径及停车场车位空余情况。其标牌的布设参照中华人民共和国道路交通标志和标线的标准。

(3) 加强违章停车交通执法：对于违法乱停乱放现象，采取严厉的处罚措施，规范停车行为，使停车停于指定地点，保护文保的历史文化风貌。

12.4.5 国外借鉴

20世纪末期，美国城市土地利用学会在《国外停车场设计》(第四版) 书中提到：旧城区停车设施的建设不仅是解决停车需求与供给之间的矛盾，其本身与旧城区公交设施、土地利用、环境保护均存在冲突，因此，其规划与建设必须与旧城区建设，尤其是旧城区交通系统建设取得一致。

国外旧城停车场规划所遵循的原则有：

(1) 为减少过境车辆对城市增加的交通压力，应在城区边缘地带以及进出城区的主要道路附近设置停车场地；

(2) 对于港口码头、长途汽车站、火车站和机场等城市主要客流和货流的集散地，由于吸引大量过往车辆，有必要进行公共停车场的规划；

(3) 停车场应设置在大型公共建筑物附近，如商店、广场、办公楼、宾馆饭店等，停车场的服务半径不宜超过200m，即步行5 ~ 7min，最大不宜超过500m；

(4) 为有利于车辆进出以及疏散交通，有利于交通安全，常常应根据停车的不同性质和不同车辆的类型，分别设置在不同位置，以免相互干扰；

(5) 对于停车场的选址规划，在有限的位置中选择最优规划方案使区域停车者步行至目的地的距离总和最短、提供泊位数最多、投资成本最少。

国外城市停车设施规划布局实践特点见表12-8。

国外城市停车设施规划布局实践特点　表12-8

城市	布局特点
法兰克福	均衡布局，停车场服务半径300m
汉诺威	市中心区步行街，周边公交。停车场服务半径300m
莫斯科	均衡布局，与地铁结合
东京	停车两条带，为铁路、地铁快速路交叉点上称为综合体，换乘枢纽可达100万人/昼夜，综合体同时安排公交终点站
费城	交通道路与步行道分开，道路交叉处组织停车空间
布达佩斯	市中心区保证50%汽车临时停放，安排15个大型车库
巴黎	街道与广场下建地下停车场，对历史建筑损坏小，城市周边公交点附近建立停车场，市中心区有部分不需要穿越街道的路外地下停车场

Mark C. Childs. 在《停车场设计》中提到国外城市中心区停车设施以分级布局的形式来进行老城区的停车规划：

(1) 在老城区外围建一条环形高速公路，在高速公路外侧设置大规模长时间停车设施；短时停车的车辆经过若干向心的辅路进入到中心区内一定的距离，在辅路的尽端设有短时停车设施，停车后即可进入中心的步行区。

(2) 另一种方式是将停车设施分3级，在高速路内侧和城市中心区核心部分外侧，停车后进入步行区。同时，在老城区的4个角各布置1座大型长时期停车设施，乘车人停车后可以换乘公共交通达到市中心。在老城区外围建1条环形道路，从高速路下车到环形路后，一部分车辆可停在环路内侧分布的停车设施内，有短时停车，也可有一些长时停车，称之为中间型。少量短时进入中心区的车辆则可以从环形路径尽端式的道路到达中心区。

(3)老城区再开发的典型方式。老城区环路与两侧的高速道路连接，在两路之间均匀设置长时停车设施，短时停车的车辆可以经由尽端式辅路直达中心步行区的边缘，短时停车设施的位置与步行区的轮廓紧密配合，十分方便。

综上所述，在缓解旧城停车问题的规划方案中，国内外主要是从如下三方面着手：

（1）增加停车供给，具体措施有：提高新建建筑的配建指标，积极兴建地下停车场、夜间出租商场车位给居民利用道路停车等。

（2）抑制停车需求，具体措施有：鼓励“停转公交”、停车收费价格差异化、调整出行方式比例等。

（3）完善停车管理，更有效地利用停车场，同时加强执法，规范停车秩序。

12.5 步行与自行车交通规划

12.5.1 旧城步行与自行车交通的定位

步行与自行车交通隐含公平、和谐、以人为本、可持续发展的理念。旧城由于历史原因，形成的路网格局大多适宜于步行与自行车交通的发展，步行与自行车交通定位为居民中短距离出行的理想交通方式，为公共交通发展提供必要而有力的辅助。

步行与自行车交通，是指一种有序的引导居民从依赖私家车出行向公共交通方式转移、大力发展和提倡通过步行、自行车等与公交系统的紧密结合，形成“步行＋公交”、“自行车＋公交”等方式的出行，以达到遏制城市资源浪费，减少小汽车出行量，降低汽车尾气排放，缓解城市交通拥堵，提高居民出行效率，实现城市居民“最后一公里”的无缝有效衔接的交通模式[19]。步行与自行车交通所表现出来的出行成本低、绿色环保、占用资源少等一系列优点，都充分地显示了它在整个城市交通体系中的重要地位，尤其是在城市的低碳交通建设与绿色可持续发展方面，其重要性更是不言而喻。

对于北京旧城而言，步行与自行车交通对于旧城的意义在于：

（1）步行与自行车交通是适宜于旧城古都风貌的交通模式；

（2）北京旅游的精华所在要求高品质的步行与自行车交通环境；

（3）低碳、环保的步行与自行车交通系统符合社会发展趋势；

（4）步行与自行车交通直接支持城市休闲购物、旅游观光、文化创意产业发展，提高城市整体魅力。

12.5.2 步行与自行车交通发展策略

"以人为本"是城市步行与自行车交通系统的规划理念。但目前大城市交通发展"重车轻人"，城市交通建设主要考虑为机动车服务，而将自行车交通和步行交通置于边缘和从属地位，严重制约了步行与自行车交通系统的发展。同时，道路建设也仅仅注重机动车道、城市快速路的建设，而步行和非机动车等步行与自行车交通系统的专用道路一直没有建立起来，交通弱势群体的安全问题也没有得到足够的重视。"以人为本"的步行与自行车交通系统规划理念，主要体现在"安全"与"平等"两个方面。

"安全"即交通规划中应首先确保"安全性"，在行人、非机动车与机动车辆共同存在的交通环境里，一旦发生交通冲突，行人、自行车骑行者更容易受到伤害，甚至造成严重的后果。因此，需要从确保人身安全的角度，对行人、自行车骑行者等步行与自行车交通使用者进行重点保护。

"平等"就是强调每个交通参与者的公平性，核心是对交通资源公平占有。每个交通出行者的通行权、道路资源使用权和占用权都是平等的。因此，提倡公平性原则对实现交通结构的优化，路网的合理配置，以及完善步行与自行车交通系统的规划都具有重要意义。

从宏观层面来说，步行与自行车交通规划应包含如下内容：

（1）制定推广步行与自行车交通出行的政策及法规，保障步行与自行车交通出行者的权益；

（2）优化土地利用模式，控制流动性需求，缩短市民生活、工作、休闲之间的距离；

（3）控制小汽车使用，规范电动自行车的使用；

（4）实施精细化规划、设计与管理。

从实施措施层面来说，步行与自行车交通规划应包含如下内容：

1）正确处理好步行与自行车交通系统与公共交通的关系，做好步行与自行车交通与公共交通的衔接换乘

步行自行车交通在一定的交通层次范围内具有公共交通无法取代的优势和适应性。自行车交通应是城市公共交通的合理补充，而不是替代品。所以在优先发展公共交通的同时，应该特别重视步行与自行车交通系统的建设，使之与公共交通等其他交通方式有机衔接。应着力发展“自行车＋公交”及“步行＋公交”的换乘模式，促进两者协调发展。通常靠近城市中心区，公交线网较密，以强化“步行＋公交”换乘模式；反之，对于外围区，则应强化“自行车＋公交”换乘模式。

2）完善步行与自行车交通基础设施，如步道、过街设施、自行车停车场、公共自行车系统等

现状挤占步行与自行车交通系统空间的情况随处可见，这不但对居民出行造成了诸多不便，且易造成机动车与非机动车混行，不利于保障交通安全。步行与自行车交通与机动化交通相比处于弱势地位，行人与自行车在与其他交通方式的冲突中最容易受到伤害。因此，应该根据安全和平等的规划理念，建立完善的步行与自行车交通系统专用路网，保证步行与自行车交通系统在道路系统中拥有足够的比例和空间，提高其通行能力和服务水平。

自行车乱停乱放一直是影响城市交通秩序的重要因素，应加强对自行车停放的管理，在大型公交站点或公交枢纽等乘客相对集中地区，设置专用自行车停车场，并不断提高管理服务水平，以引导更多人自觉规范停车。

3）与未来城市交通宁静化措施相结合

交通宁静化是未来旧城交通发展的方向，步行与自行车交通系统是交通宁静化措施的重要组成部分，因此，对步行与自行车交通系统进行规划的同时，还应综合考虑其与未来城市宁静化战略实施的关系，真正做到互相协调，互相促进，使步行与自行车交通系统的作用能够在更高层次上得到体现。

12.5.3 步行与自行车交通规划模式

面对城市快速机动化的进程，20 世纪以来，欧美国家对步行与自行车交通也开展了广泛的探讨，尤其是在步行与自行车交通规划方面，并形成了一系列的模式和经验。以下主要从社区用地布局、交通宁静化措施以及交通网络组织等三个方面进行介绍[20]。

1）步行与自行车交通规划之一——社区用地式布局规划

20 世纪 20 年代末期，欧洲的设计师斯坦和赖特根据邻里单位的构想，在社区规划中，开创性地规划了独立的机动车网络和步行与自行车交通网络。形成了二元平面分离的社区模式，同时在二元平面有冲突的区域设置简易立交系统。以解决当出现人车混行时的安全问题，同时也提高了交通运行的效率，20 世纪末，传统的邻里导向模式和公交导向模式得到了发展，并为广大民众所接受。有别于人车分离的模式，邻里导向模式主要专注于居住与工作的平衡设计，即在一定的步行通行距离范围之内，配置相应的生活服务配套设施，然而公交导向模式的核心理念则是试图将公共交通与区域土地的综合利用融为一体。

2）步行与自行车交通规划之二——交通宁静化

20 世纪 60 年代布坎南首次提出了“交通环境区”这一崭新概念。事实上交通环境区根本不是从社会学的角度来考虑的，当然也不是严禁使用小汽车，而是控制相应区域内的交通流罩以及机动车辆的行车速度，然后对影响区域内交通状况的三个变量：环境标准、可达性水平、物质建设成本进行分析。

通过对私家车出行实际案例研究，指出在规划设计中对私家车的出行不加限制是不现实的。并以此理论为基础提炼出了交通宁静化的规划思路。其终极目标就是要在保持区域内混合交通道路有序运行前提下实现区域内道路空间的有效利用。该设计理念的最早实践是 20 世纪 70 年代初期荷兰的“生活的庭院”，之后，它渐渐从小区域的实践规划演化为了城市整体的综合分区规划，并在欧美国家得以普及。

3）步行与自行车交通规划之三——交通衔接网络化

雷德朋社区的“人车分离”模式主要强调了邻里导向和公交导向

在区域公共交通以及综合土地方面的有效利用问题。而交通宁静化规划思路则是主要应用在区域街道功能的完善方面，它不仅提高了区域内步行与自行车交通的出行效率和安全水平，也考虑了对私家车出行的控制，同时又强化了区域道路环境的核心命题——社会价值，为城市社区用地规划提供了参考和借鉴。

针对应该如何有效的组织步行与自行车交通网络的问题，以下着重从路网结构以及出行目的这两个角度来加以研究。从路网结构角度来看，通过对两种不同结构路网的非直线系数的对比分析。不难得到以下结论：

（1）从总体来看，出行距离越大，非直线系数越小，说明：短途出行比长途出行的效率更低。

（2）不同结构的路网非直线系数不尽相同，一般而言，正三角形路网结构的非线性系数为1.103，六边形的非线性系数为1.273，正方形的非线性系数为1.279，而有对角线的正方形的非线性系数为1.055（如图12-12所示）。因此，易知正方形中有对角线的路网结构比正方形中没有对角线的路网结构形式出行效率高，正方形路网结构越低效相应的该路网结构的步行与自行车交通的效率也会随之低效，由此可见，提高步行与自行车交通出行效率以及出行比重的有效途径之一就是在正方形路网结构上，尽量多地划分对角线网。

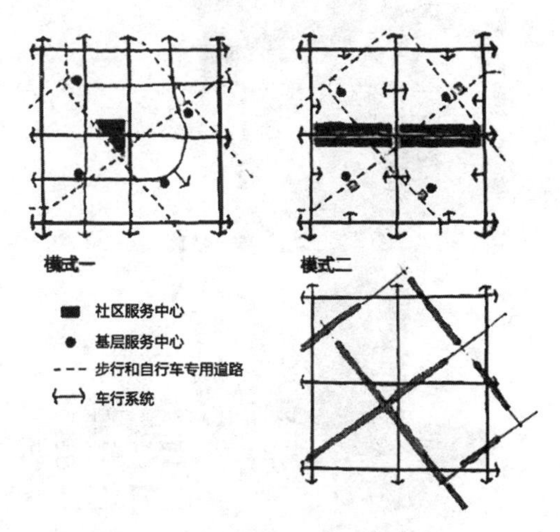

图12-12　交通网络衔接示意图

交通网络衔接化的意义就在于把一个相对低效的供机动车使用的交通路网同相对高效的供步行与自行车交通使用的路网结合起来，实现二者的有机衔接，达到提高区域交通出行效率、降低区域交通碳排放量，实现区域交通和谐发展的目的。

12.5.4 北京东城区步行与自行车交通概念规划

东城区步行与自行车交通系统从概念上坚持步行与自行车分类、快慢分行、道路分级、胡同分制的原则，重点打造以区域旅游风景区和历史胡同区为特色的步行与自行车交通系统，从而提升东城区的整体活力和落实北京创新精神的内涵。

1）步行与自行车交通功能分区

将东城依据步行与自行车交通的特点，将东城划分为六类不同区域：A 居住区、B 历史胡同区、C 混合功能区、D 文化体育区、E 旅游风景区和 F 交通枢纽区，如图 12-13 所示。

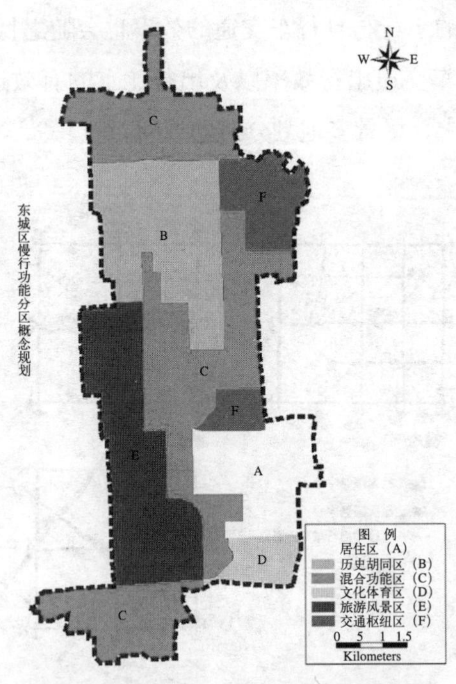

图 12-13 步行与自行车交通功能分区

对于A居住区，强调步行与自行车交通的安全性与可达性，并进行交通宁静化设计。

对于B历史胡同区，除进行交通宁静化设计外，还应逐步净化机动车交通，利用胡同建立专用系统，大力倡导步行与自行车交通发展模式。

对于C混合功能区，应注重步行与自行车交通的通行效率，其他交通方式进行紧密的衔接。

对于D文化体育区，注重的是步行与自行车交通锻炼、休闲的功能。

对于E旅游风景区，步行与自行车交通作为一种文化探访的方式，结合景区规划进行设置。

对于F交通枢纽区，步行与自行车交通注重交通的效率，便捷的联系其他主导交通方式。

2）步行与自行车交通网络概念规划

依据步行与自行车交通的流量、道路形式、道路功能以及周边用地性质，将步行与自行车交通网络划分为五类，即廊道、集散道、连通道、生活休闲道、文化探访路。

东城区步行与自行车道路网络功能如表12-9所示。

东城区步行与自行车交通网络功能表 表12-9

功能分类	功能规划	规划利用道路情况
廊道	承担东城区与其他城区的联系的交通出行，具有高标准的非机动车专用道，是步行与自行车功能区间以及其与轨道交通枢纽的连通道路	主干道、部分次干路
集散道	承担东城区内相邻交通非机动化出行的集散道路，是步行与自行车交通功能区与常规公交换乘的连接通道	次干路，具有较好条件的支路
连通道	承担东城区内不同交通分区、地块交通出行的连通道	支路以及5m以上的胡同
生活休闲道	风景区、居住区和日常生活出行的连接道路	3.5m以下的胡同
文化探访路	以街巷为依托的文化线路，满足人们旅游观光、历史寻踪、城市体验等需求。	不限

3）公共自行车租赁点布局概念规划

《北京市东城区空间发展战略规划（2011 ~ 2030年）》中明确指出，

大力发展步行交通、自行车交通以及以轨道交通为骨干的公共交通方式，为解决最后一公里的交通问题，本次规划在概念上对东城区公共自行车租赁系统的租赁点规划为四级：轨道交通租赁点、重要公交站租赁点、常规公交站租赁点和居民租赁点（含公建区）。

东城区公共自行车租赁点的四级规划中，着重解决轨道交通枢纽租赁点、重要公交站租赁点的选址及规模预测，对于常规公交站点进行点位规划，但是由于居民租赁点（含公建区）的公租自行车需要根据居住小区和相关的管理部门配合进行，因此本次规划中，仅对该层次公共租赁自行车进行规模限定，不进行具体点位的确定。

12.5.5　步行与自行车交通规划设计导则

12.5.5.1　步行系统交通规划设计导则

步行系统交通规划设计有以下五大原则：

原则1：确保步行系统的安全、方便。与机动车相比，行人为交通弱势群体，要保证人行道一定的有效宽度，确保行人安全。

原则2：实现步行道之间有效连接。步行线路要清晰、直接，并设有易辨认的行人路标；合理规划布设行人过街设施，做好步行道之间的有效衔接，实现步行系统一体化。

原则3：坚持以人为本设计。合理布设道路附属设施，提高步行舒适性；步行环境应具有吸引力及活力，行人专用区周边可适当地作多种用途，使其更具有生气。

原则4：实现步行系统的无障碍化。步行系统的设计要充分考虑残疾、行动不便者等交通弱势群体的出行需求，人性化设置无障碍设施，提高步行系统的友善性。

原则5：灵活利用信息化技术，提升步行出行效率和服务品质。充分利用现代信息化技术和导航设备终端，方便步行交通参与者的日常和旅游交通出行，不断增加步行出行吸引力和提升步行出行服务品质。

第一条　人行道设计指引

（1）人行道宽度

人行道宽度取决于道路功能、沿街建筑性质、人流交通量以及应满足在人行道设置的杆柱和绿化带等附属设施。

人行道最小宽度不得小于1.5m。要保证人行道的基本畅通，人行道的步行空间宽度宜在1.8～3.0m，人行道宽度要满足功能区域交通需求。

人行道边缘宜采用绿化带来隔离人行道与机动车道或非机动车道。绿化带与设施带的宽度一般控制在1.5～3.0m。当人行道较宽，供行人和非机动车道共用时，宜采用不同的铺装或绿化带将人流和非机动车流加以区分。

（2）人行道铺装

人行道采用的铺装材料应具有防滑性能、并且容易维护，同时铺装要满足稳定、牢固和抗滑。特殊地区或是中心区通常会采用特殊人行道和其他步行设施设计，如采用彩色或是带图案的水泥、砖块或是其他铺装物，其铺装方式需确保人行道表面平整。

（3）人行道的绿化与景观

条件允许区域可采取相关绿化措施美化人行道，增加人行道吸引力及舒适性。人行道周边布置绿化带的时候要充分考虑行人视线的通畅，特别在交通节点处、过街处等步行关键地段的绿化更应确保视线的流畅性。

第二条　过街设施设计指引

过街形式主要包括平面过街形式和立体过街形式，过街形式优先考虑平面过街形式。历史旧城区内，应严格控制过街天桥的设置。本文主要以平面人行过街为主要研究对象。

（1）过街设施选址原则

行人过街设施选址遵循以下基本原则：

① 行人过街设施应与道路两侧用地性质相结合原则：应根据道路两侧不同的用地性质，进行针对性规划建设。

② 行人过街设施应与道路两侧的其他交通设施相结合，注重多种

交通方式的有效衔接原则。

③ 整体性与时间最优原则：设置行人过街设施时，不能只考虑某一交叉口或者路段的人流，必须对整个区域内的人流进行通盘考虑。坚持以人为本，充分考虑过街行人的便捷心理和时间观念。

(2) 平面过街设施设计

平面过街设施主要包括人行横道、人行信号灯等。相关设置原则有：

① 人行横道在路段时，宽度不宜小于 3m，在前后 75 ~ 100m 应设置车辆限速及行人指路标志。

② 人行横道在交叉口处宽度不宜大于 4m，右转机动车流量较大时应后退 3 ~ 4m。

③ 路段人行横道设置宜采用行人过街信号灯；在交叉口处设置信号灯时要避免干道左转车辆与行人过街同时放行，行人过街信号灯时间的设置，要充分考虑行人承受等待时间及通过干道所需时间。

④ 在平面交叉口处，人行横道长度大于 30m 或双向车道大于 8 车道时，应设置行人安全岛，见图 12-14。安全岛宽度不宜小于 2m，面积不宜小于 14m^2，在有中央分隔带时宜采用栏杆诱导式。

图 12-14 路段行人过街安全岛

⑤ 在干道路段处，当人行横道长度达 25m 或双向机动车道达 6 车道时，应在路中设置行人安全岛。安全岛的设置宽度不宜小于 2m，面积不宜小于 12m^2，有中央分隔带时宜用栏杆诱导式。

⑥ 部分有条件道路，安全岛可采取如下设计：两端呈半圆形且高出地面 0.2m；安全岛的长度根据实际需要来设置，但不能超过人行横

道斑马线的长度；安全岛宽度为 1.5 ~ 2.0m。安全岛中间部分与地面齐平，为搓板式；安全岛两端涂成黄色并刷上反光材料，醒目且保证夜间行车安全，见图 12-15。

图 12-15　新型行人安全岛示意图

⑦ 根据实际情况，充分考虑行人过街需求、公交车数量、道路等级等因素，灵活选择人行道与公交车站的位置关系。

公交站处人行横道的设置主要采取两种形式，迎面式和背向式。

迎面式公交中途停靠站处人行横道的设置（见图 12-16），要充分考虑人行横道与公交站台之间的距离，降低公交车行驶对行人的威胁性，减少因换乘距离过长而引起的行人乱穿马路现象。除此之外，还需满足行车视距的要求，即满足靠近公交车停靠车道外侧的第一条车道行驶的车辆能看清过街的行人，保证行人过街安全。

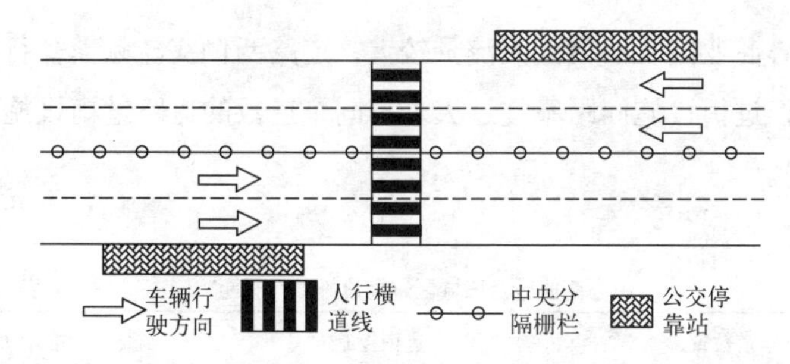

图 12-16　迎面式公交中途停靠站附近路段人行横道设置示意图

背向式公交中途停靠站处人行横道与公交站台之间距离要合适，以减少公交车停靠对行人过街的影响，见图 12-17。背向式公交中途停靠站一般设置在等级较低，公交线路较少的道路上。

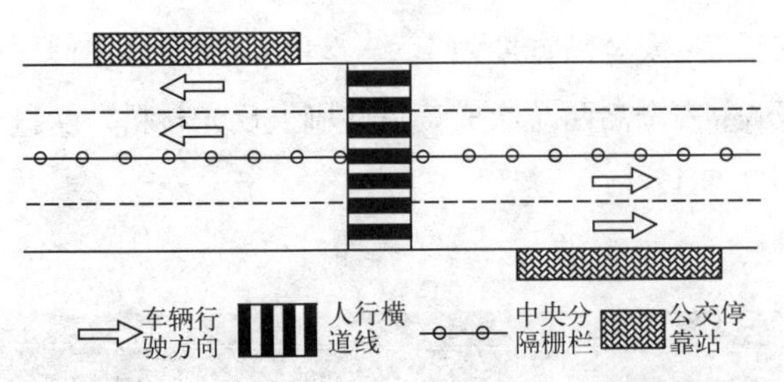

图 12-17 背向式公交中途停靠站附近路段人行横道设置示意图

(3) 过街设施间距

在居住、商业等步行密集区域过街设施间距不宜大于 300m；行人活动较少区域过街设施间距不宜大于 400m；不同用地类型及城市区域、不同等级干道上步行过街设施的间距阈值见表 12-10。

城市过街设施间距阈值（m） 表12-10

道路类型 \ 用地强度		居住、社服		商业、办公		绿地	
		高强	一般	高强	一般	中心	外围
次干路		150	200	150	250	300	400
主干路	I级	200	300	200	350	350	400
主干路	II 级	250	350	250	350	400	500
快速路		300	500	350	500	500	600

注：I级：表示主干路开口多，行人相对较多；
II级：主干路开口少，行人相对较少

中心商业区及旧城区人流量较大，道路两侧交流频繁，行人过街需求大，过街设施间距不宜过大。不同车道数的道路过街设施间距见表 12-11。

中心商业区及旧城区过街设施推荐间距 表12-11

车道数量	过街控制方式	推荐间距
双向两车道	人行横道	130m
双向两车道	人行横道+人行信号灯	230m
双向四车道	人行横道+人行信号灯	260m
双向六车道	人行横道+人行信号灯	290m

过街设施的间距，可根据机动车流量、机动车车道数量进行增减。机动车流量大，车道数多，可适当增加过街设施间距，机动车流量小，车道数少，可适当减小过街设施间距。过街实施间距不仅要考虑行人过街需求，也要考虑机动车行驶的连续性。

过街设施与重要节点要保持适当距离。过街设施距公交站点及轨道出入口不宜大于80m，最大间距不得大于120m；距中小学、医院正门不宜大于80m，最大不超过150m；距居住区、大型商业设施、公共活动中心的出入口最大不宜大于100m，最大不大于200m；综合客运交通枢纽应进行专项的过街设施规划设计。

第三条　交通标志设计指引

人行道上需设置清晰醒目的标志，易于行人发现，引导其到达目的地；同时要保证标识的连贯性、避免与其他标志集中设置；在行人和机动车冲突较大的地段要设置相关提醒标志，保证行人优先。

过街设施附近一定范围内需设置过街设施标志，有利于通行车辆的及时准备和行人寻找。指示标志本身和设置地点应遵循连续性、统一性和系统性等原则。

设施内部，特别是地下通道内设置规范的标志系统有利于人们知道行驶方向，便于过街。

第四条　无障碍设施指引

无障碍设计的范围很广，设计的内容较多，弱势群体希望到达的地方，通过无障碍设施使其都能到达和使用。无障碍设施设计的基本原则如下：

原则1：无障碍环境建设利于全民原则；

原则2：全面、安全性原则；

原则3：重点考虑残疾人等弱势群体特殊需要原则；

原则4：可及性和可达性原则。

可及性和可达性原则的目的是：使残疾人、老年人以及行动不方便者能够方便自由地感知、到达、进入和享用所有健全人使用的设施，完成自己的活动目的。

人行道与车行道之间如有高度差异，需设置缘石坡道，见图12-18。

在市区主干路、次干路的主要路口和市、区商业街、步行街的人行横道处，以及在视力残疾者居住较集中的区域附近的道路和盲人学校周围道路的人行横道处设过街音响装置（见图 12-19），可使视力残疾者安全地通过人行横道。

为实现无障碍设施的充分利用，在设置无障碍设施处应设置相关提示标志满足弱势群体需求。

应保证人行道的连续性，特别是盲道的连续性。

图 12-18　缘石坡道

图 12-19　过街声音提示装置

12.5.5.2　自行车交通系统规划设计导则

自行车交通作为人们日常出行的交通方式之一，其主要承担了中短距离的出行，在城市交通中占有重要地位。为实现快慢分行，确保自行车交通系统的安全、连续、方便和畅通，东城区应采取相关措施，鼓励自行车交通出行：

原则 1：实现快慢分行，确保自行车行驶安全。通过合理布设自行车道断面形式，设置自行车专用道，实现自行车与机动车、行人的隔离；同时要减少机动车停车、公交停靠对自行车行驶的干扰，提高行车行驶安全。

原则 2：遵循人本化、和谐化，形成合理的自行车网络系统。力求获得一个相对独立的自行车系统，形成廊道、集散道、连通道以及休闲道等不同层次自行车路网。保证自行车在区内各个部分的可达性，并力争使线路形成最短行驶距离和最少出行时间。

原则 3：合理规划布设停车设施，增强非机动车系统吸引力。对于大型公建区如医院、学校等地要设置自行车专用停车场。停车场的布设要充分考虑自行车与公共交通的换乘距离，方便自行车与公共交通换乘。

原则 4：发展公共自行车租赁系统，提高非机动车出行比例。公共自行车租赁点的布设要充分考虑与城市景观的相容性，同时避免引发新的交通问题；租赁点应布设在轨道交通站等交通需求量大的区域。

原则 5：绿色、健康、环保。自行车出行与机动车出行相比有着低污染、不会造成交通拥堵等优点，而且兼有锻炼身体的功效，因此，在日常的中短距离出行中要鼓励自行车出行。

原则 6：利用现代信息技术，建立自行车智能导航系统。利用现代先进的信息技术和智能导航技术，打造以提升自行车出行效率和优化自行车出行环境为目的的自行车智能导航系统、自行车出行诱导系统、自行车停车诱导系统。

第一条　自行车道网络设计指引

自行车路网构建基本原则如下：

① 道路网结构布局原则：优先选择能为多种目的服务的区域，靠近人口集中、出行率高的地段，如工作地点、商业中心、学校公园等自行车等区域。

② 交通设施互利原则：自行车系统设施的规划要与其他交通方式的规划结合进行，综合利用空间、设施，形成有机整体。

③ 网络化原则：力求获得一个相对独立的自行车系统，实现廊道、集散道、连通道以及休闲道等不同层次自行车道的有机衔接。

④ 有机更生原则：充分利用现有道路或胡同，对其进行规划整理，纳入自行车道路系统，完善自行车网络。

根据不同使用功能将非机动网络（不包括步行与自行车交通区域及步行街区）划分为：廊道、集散道、连通道及休闲道四类。

对于不同的功能区，要充分考虑步行道与自行车道的不同设置组合对整个步行与自行车系统带来的影响。不同功能区步行道与自行车道分类组合如表 12-12 所示。

不同功能区步行道与自行车道分类组合表 表12-12

<table>
<tr><th>项目</th><th>自行车道与机动车道</th><th>自行车道与人行道</th><th>自行车道宽度（m）</th><th>人行道宽度（m）</th><th>侧向空间（m）</th></tr>
<tr><td rowspan="3">居住区</td><td>隔离</td><td>隔离</td><td>1.5～2.5</td><td>≥3.0</td><td rowspan="14">≥0.5</td></tr>
<tr><td rowspan="2">非隔离</td><td>隔离</td><td>≥3.0</td><td>≥3.0</td></tr>
<tr><td>非隔离</td><td colspan="2">≥6.0</td></tr>
<tr><td rowspan="3">历史胡同</td><td rowspan="2">隔离</td><td>隔离</td><td>1.5～2.5</td><td>≥1.5</td></tr>
<tr><td>非隔离</td><td colspan="2">≥2.5</td></tr>
<tr><td>非隔离</td><td>非隔离</td><td colspan="2">≥2.5</td></tr>
<tr><td rowspan="2">混合功能区（商业街区）</td><td rowspan="2">隔离</td><td>隔离</td><td>2.5~3.0</td><td>≥5.0</td></tr>
<tr><td>非隔离</td><td colspan="2">≥6.0</td></tr>
<tr><td rowspan="2">文体区</td><td rowspan="2">隔离</td><td>隔离</td><td>2.5~3.0</td><td>≥3.0</td></tr>
<tr><td>非隔离</td><td colspan="2">≥4.5</td></tr>
<tr><td rowspan="3">旅游风景区</td><td rowspan="2">隔离</td><td>隔离</td><td>1.5～2.5</td><td>≥2.0</td></tr>
<tr><td>非隔离</td><td colspan="2">≥4.0</td></tr>
<tr><td>非隔离</td><td>非隔离</td><td colspan="2">≥4.0</td></tr>
<tr><td>交通枢纽区</td><td>隔离</td><td>隔离</td><td>2.5～3.0</td><td>≥3.0</td></tr>
</table>

第二条 自行车道宽度设计指引

按照自行车与行人、机动车是否共断面将自行车道分为三种：自行车专用道路（见表 12-13）、自行车道与行人断面、自行车道与机动车道共断面。具体自行车道设置宽度见表 12-14。

自行车专用道设计尺寸 表 12-13

项目	自行车专用道路	自行车专用车道
单辆行驶	2.0m为宜，最小1.2m；	1.5m为宜，最小1.2m；
两辆并行行驶	3.0m为宜，最小2.0m；	2.5m为宜，最小2.0m；
双向通行	3.0m为宜，最小2.5m；	2.5m为宜，最小2.0m；

自行车道与机动车道共断面 表12-14

项目	宽度
单辆行驶	2.0m为宜，最小1.2m；
两辆并行行驶	3.0m为宜，最小2.0m；
双向行驶	3.0m为宜，最小2.5m；
单边双向自行车道	净宽3.5m为宜，最小2.5m（建议实体隔离）；

另外，自行车与行人共用道路：净宽以 4.0m 为宜，最小 3.0m。自行车与行人共用车道：净宽以 2.5m 为宜，最小 2.0m，禁止三轮车驶入。

而对于城市道路，由于不同等级道路承担着不同的交通功能，自行车道设置形式也有所不同，具体见表 12-15。

不同道路等级下自行车道设置形式 表12-15

道路等级	自行车与机动车	自行车与行人	自行车道宽度（m）	步行道宽度（m）
快速路	—	—	—	—
城市主干路	实体隔离	实体隔离	3.0～4.0	≥4.5
	标线隔离	实体隔离	6.0	≥4.5
城市次干路	实体隔离	实体隔离	2.5～3.0	≥3.0
		视觉隔离	≥2.0	≥3.0
	视觉隔离	实体隔离	2.5～3.0	≥3.0
城市支路	实体隔离	实体隔离	1.5～2.0	≥3.0
		视觉隔离	2.0～2.5	≥3.0
	视觉隔离	实体隔离	2.5～3.0	≥3.0
	非隔离	实体隔离	—	≥3.0

而对于不同使用性质的道路，其自行车道规划设置应遵循以下的原则：

（1）通勤性道路

通勤性道路主要是满足人们日常工作、上学出行需求的自行车道，车道上车流早晚相对较多，速度较快。该类车道的设置可以考虑设置隔离设施将自行车与机动车、行人隔离。

(2) 商业性道路

商业性道路应给行人、骑车者提供充足的行驶空间，充分考虑人群安全、购物环境及交通目的，一般采取行人、自行车、机动车独立行驶，减少三者之间的相互干扰。

(3) 生活性道路

生活性道路主要是满足人们日常生活中各种出行需求，居民出行的目的性和相关性较强。干道上自行车道，为行驶安全可以考虑机非分离，支路上则可以考虑机非混行并视交通状况采取相关措施，保证自行车和行人有着较好的行驶环境。

(4) 景观性道路

景观性道路以人的休闲、休憩为主。人行道、自行车道相对要求较宽，自行车道和人行道的设置要结合自然条件对称或非对称布置。

第三条　自行车道在交叉口的设计指引

(1) 自行车道在穿越交叉路口或路段时，宜配合人行道设置

自行车专用道在穿越交叉口时宜与人行横道区分；自行车与行人共用道路在穿越交叉口时，可利用人行横道穿越；自行车道在交叉口处可以采取不同颜色、材质铺装做铺面，明确行驶方向，见图 12-20。

图 12-20　交叉口处自行车道设置形式

(2) 自行车道在交叉口处的渠化措施

在充分利用交叉口的时间和空间资源的基础上，交叉口上自行车的通行空间优化设计方法可归纳为：

① 左、右转弯专用车道；

② 左转自行车二次过街；

③ 设置自行车左转等待区、停车线提前；

④ 设置自行车横道。

第四条　自行车停车场规划指引

自行车停车场规划原则如下：

① 自行车停车场应尽可能分散多处设置，方便存取。一般应充分利用车辆和行人稀少的支路、街巷或住宅旁空地，尽量少占用人行道。

② 自行车停车场应避免其出入口直接对着干道或繁忙的交叉口，对于规划较大的停车场尽可能设置两个以上出入口。

③ 对于市级或区级行政或民政中心、金融贸易中心、医院等大量吸引人流的单位，都应设置固定的自行车专用停车场。若场地不足，可考虑建设多层式自行车停车场。

④ 停车场规模应视停车需求及可用场地确定。停车形态也要因地制宜，不宜硬性规定或机械搬用。

对于自行车换乘停车场规划除应遵循以上基本原则外还须遵循：换乘距离不宜超过 100m，即步行 2min 左右。大型换乘中心的停车场，可以考虑布置在其四周，使各方向来的车均能就近停放，避免穿越干道和堵塞停车场的出入口。

12.5.6　国外借鉴

在发达国家，步行交通环境的规划设计工作早已开展，并且从未间断。

以美国为代表的美洲，经过私人小汽车主宰一切的时代，逐渐意识到应创造公交和步行系统，为人提供更多更舒适的活动空间。

欧洲的交通政策一直鼓励人们步行，提倡交通宁静化、低噪声、友善，且实现道路对人的承载力最大。除此，使行人能够安全地锻炼身体，呼吸新鲜空气，充满乐趣地体验、休闲、享受城市的人文景观。1988 年，欧洲议会通过了《欧洲步行者权利宪章》。

亚洲各国近年来也在逐步吸取西方的先进经验和人文理念，对原来嘈杂凌乱的公共环境加以改善，梳理和设计步行空间。

这些国家和地区制定完整的步行与自行车系统规划导则，进行步行与自行车交通设施精细化设计，配合一系列配套政策，使各政府部门、企业组织与公众积极参与，取得了显著的成效。

目前步行交通政策特点鲜明的城市有：欧洲的巴塞罗那、哥本哈根、里昂等；美洲有美国的波特兰大、西雅图、波士顿、查尔斯顿、圣安东尼奥，巴西的库里蒂巴、科尔多瓦；澳洲的墨尔本；亚洲的中国香港等。

（1）丹麦哥本哈根：哥本哈根的城市中心由“绿环”和“蓝环”所围绕。绿环位于内侧，是一群古老的防御工事；蓝环则由一系列湖泊构成。优美的城市环境为其制定步行与自行车交通政策提供了天然的保障。

哥本哈根是世界上最早引进步行街的城市之一。从1962年起开始进行步行系统的完善，经过了40年的建设，成为步行者天堂。1962年哥本哈根开辟第一条步行街斯特勒格街，逐渐在市中心发展成步行网络；1973年，步行街改建工作基本告一段落，主要致力于清理和改建城市广场，所有公共空间的计划都以无汽车进入为目的，城市广场从市中心到偏僻地段以及社区广场都进行了改造；之后有了步行优先街道，轻松悠闲，用于大多数市中心街道；而后又对城市的重点地段和特色地段进行改造整理，如滨河区。政策方面：更多的人，更多的步行，保持交通流量稳定；减少进入城市的干道；减少穿越中心的交通；限制、减少市中心的机动车驶入和停车空间；改造步行环境，提高步行可达性、安全性和舒适性。

（2）美国泽西城：针对日益增多的行人安全问题和交通换乘难的问题，1998年6月，泽西城步行者联合会制定了中心区步行者优先的规划，名为“圣•赫利尔步行街”。规划包括为公众服务的交通政策：“易识别的、安全的路线”、“步行者优先区”等，并不断修订政策。促进了该区的步行活动，使参观、购物、工作融为一体。

（3）中国香港：紧密的城市结构、混合形式的土地用途及优良的公共交通设施。这些特点十分有利于推广步行作为主要的交通模式。同时，就短距离出行而言，步行也是最符合持续发展原则的交通模式。

近年来香港开展了“行人环境规划研究”，指南主要包括设计一些针对行人问题的政策、建议及标准，如：提供更安全、方便及舒适的街道；提供更佳的行人通道往返公共交通设施（例如地铁、火车站、巴士站及渡轮码头）以及其他重要的目的地（如办公室、商场、新闻中心、住宅及工业区）；提升行人环境的设计和行人设施的效用；通过行人设施的改善来推动城市更新、旅游业发展以及对历史文物的保护。

近年来，在欧美发达国家，自行车交通作为一种绿色的交通方式，在各国回归趋势明显，国际大都市伦敦、巴黎等的交通发展战略中都明确提倡自行车交通。各国纷纷制定鼓励自行车的应用政策，这些政策包括：制定鼓励自行车交通的政策和规划，实行自行车优先的政策，提高自行车交通的安全保证，增加自行车道、自行车交通信号和自行车停车设施，改善和便利自行车与其他交通形式的联运等。

（1）德国：经过长期的实践与理论总结，从自行车法规、设计和管理，到促进自行车交通政策。逐步形成一套系统而完善的体系。促进自行车交通作为可持续的综合交通政策的一部分，已经提升为德国促进可持续发展的国家战略。

德国的大部分居住区街道都进行了交通宁静化处理，不仅法定限速 30km/h，通常还在这些街道禁止穿越性交通流。自行车在经过宁静化处理的街道上都能双向行驶，即使其中的有些街道对汽车实施单行限制。另外，采取了“自行车优先街道”的措施，在这类不宽的街道上，自行车骑行者拥有最高优先权。以德国明斯特市为例，2007 年该市已经拥有自行车优先街道 12 条，推出之后大受欢迎。法兰克福正在朝着适宜自行车出行的城市目标前进，在促进自行车交通政策方面，针对不同服务人群，实施多样性的措施，如电话出租自行车，如“自行车 + 企业”等项目，同时推进青少年“骑车去上学”项目。

（2）法国：部分街道没有自行车专用道，但在机动车道上专门划出了自行车道，用绿箭头表示。在交叉路口设有自行车专用信号灯，实行自行车优先通行的原则。2007 年始，法国主要城市巴黎、里昂和巴塞罗那在政府层面相继启动了“Velib”“Vélo' v”和“Bicing”自行车租赁系统，活动至今取得了巨大的成功。

(3) 荷兰：对自行车交通设施包括道路、信号灯、停车场停车库进行了大量投资，成功地使自行车交通迅速发展，大大提高自行车交通的比率、效率和安全性。同时荷兰采取机动车道和专用的自行车道分流的方式解决混合交通的问题，也使机动车交通速度得到提高。

众所周知，环型交通网并非一个最科学的设置。原因是四面八方进入环圈内的车辆会给中心区交通带来很大压力。荷兰格罗宁根在保护其旧城布局不受破坏的同时，采用了一个科学合理的办法解决这一问题。这个办法就是将处于交通环区（即老护城河内）的市中心划分为四个区，并限制机动车在区域间穿行。机动车只能在外环线上行驶，并直接进入它想要进入的区域。这有效减少了市中心交通流量。同时，对于区域内车辆的活动也有限制，即：根据车辆对经济活动的重要性决定其是否可以穿行在市中心。例如：公共汽车和载货运输车才被准许通过。

由于自行车在市中心的活动不受任何限制，自行车的使用就被自然而然的推广开来，并促成：

① 一个自行车路网的建立；

② 通过修建捷径道路来缩短骑车距离；

③ 修建沥青路面自行车道；

④ 在交通路口为自行车设立特殊标准以确保自行车的道路使用优先权。例如：需左转的自行车，可停在路口上同方向行驶的机动车前方，等候红绿灯指示；

⑤ 建低成本设施以缓冲交通压力，如：使用交通缓冲策略减少机动车在区域内穿行；

⑥ 为公共汽车提供道路优先使用权；

⑦ 逐渐取缔市区内路面停车场（例如：修建地处市区边缘的汽车和自行车停车场，以方便人们进出入市中心时转换交通工具）。

(4) 日本：在汽车保有量大并重视环境保护的日本，自行车交通也越来越多地受到人们重视。日本空间设计以及与轨道交通相融合两个方面的特点最为突出。

给予自行车专用的通行空间在日本显得尤为重要。在日本现行道路设计规范中，对自行车在路段和交叉口通行空间的设计作了非常详细的说明。

自行车轻便环保以及日本发达的轨道交通的特点使得自行车和轨道交通相融合，从而大大地提高轨道交通和自行车的使用率。其中，一种新的交通模式“以车站为中心的轨道交通和自行车之间的方便换乘”正在兴起，通常分为自行车共享网络和自行车携带上车两种方式。

（5）英国：英国政府推广步行与自行车交通力度大

在英国，骑自行车的人得到了很多照顾。家用汽车顶上或后部挂几辆自行车已非常普遍，人们带一辆自行车坐地铁、上火车也很自然，甚至连航空公司都为自行车空中托运大开方便之门。在市区道路上，自行车享有比汽车更大的权利，骑自行车的人不管怎么“晃悠”，开车的人绝大多数会耐心等待。

在英国，虽然自行车出行比例仅 1% 左右，但是道路建设部门还是充分考虑了骑自行车人的需求。以伦敦为例，伦敦市现有 560 英里（约合 901km）自行车道，其中一半都是 2000 年后修建的。自行车道多是用彩色（红色或绿色）油漆漆画，虽然大多比较狭窄，但非常醒目，有的还专门与汽车车道隔离开，并在交叉路口漆画了醒目的标线，有的路口还安装了专门的自行车信号指示灯，见图 12-21。

在英国街头，随处都可见用于停放自行车的场所，通常是一排拱形的铁栅栏，车主可以将自行车锁在栅栏上。为了解决自行车停放问题，英国曾举办过国际性的自行车停放装置设计大奖赛。

图 12-21　英国遍布大街小巷的自行车道

据悉，英国骑车的人近年增加了约15%，而骑车的伦敦人更是在5年内翻了一番。而交通事故死亡或严重受伤的比例却下降了40%。目前，英国政府正在加紧推广步行与自行车交通，并在伦敦以外的其他地区建立更多的自行车租车停放处。原因是自行车更加方便经济，可以免去汽车停车位少的烦恼；城市内有很多单行线，对机动车限制多，骑车出行反倒更便捷；自行车显然减少了对环境的污染，使城市的空气更加纯净；骑车给英国人更多的安全感，特别是在伦敦地铁爆炸事件后，伦敦不少人开始选择骑车出行。

12.6 旅游交通规划

12.6.1 旅游交通之于旧城

随着旅游业的蓬勃发展，文化旅游已成为时尚，人们已厌倦千城一面的不变模式，转向高层次、高品位的文化享受。因此，历史文化名城或历史街区大规模开发的另一个发展方向是旅游开发。

历史街区的旅游资源优势主要来源于漫长时间形成的丰厚历史文脉积淀[3]。每个历史街区，都有其独特的个性、悠久的历史、宜旅宜居的空间以及薪火不绝的民俗传承。旅游资源既有固化在建筑、街道景观和城镇景观上的物化内容，又有内含于当地人日常生活中的人情世故和市井百态。其价值主要表现在历史街区独特的个性、形态与过去的联系以及在长期居住环境中得以延续的传统文化。而与过去岁月相联系的适于步行和探索的交通特征和长期稳定联系而拥有的人性化尺度和独有亲密感，恰好迎合了某些特定的市场需求。不仅仅唤起人们对过去的追忆，更有对完美生活的向往和激情，这些都使得历史街区几乎拥有无与伦比的吸引力[21]。

历史文化古城保护的最终目的是使城市现代居民及未来居民的生活水平得到提高，实现城市的可持续发展，因此对于古城中宝贵的历史遗产资源应采取保护和利用相结合的策略，使之更好地为城市居民生活服务。利用文化遗产发展城市旅游业是古城利用历史文化资源的有效方式，可以带动历史文化城市的可持续发展，取得良好的社会经济效益，但也存在着在旅游高峰期古城内游客人满为患的现象，大量频繁的旅游活动在带来可观经济效益的同时也造成了古城环境生态的破坏，严重干扰城市居民的传统生活。1985 年在瑞士巴塞尔召开的国际古建筑保护与城市规划会议上，不少专家都指出过度的旅游活动已给古城的文化遗产保护带来了灾难性的影响，旅游业过度发展及失控的后果之一就是现代化交通工具排放出的大量有害气体导致历史古城环境的恶化。

我国历史文化古城人口密度普遍偏高，大部分属于步行城市的范围，即使未来对于古城区采取人口疏散策略，为数众多的古城也将仍然处于步行城市和公交城市的范围，因此在规划未来历史古城的交通出行方式时应优先考虑发展城市公共交通和慢行交通，使之在居民出行中承担较大的比例。历史文化城市内的用地性质及布局考虑历史文脉延续等因素，除了对污染较为严重的工业厂区进行用地置换措施之外，一般用地仍将沿用旧制不做改变，因此在确定了古城人口容量之后，不同的交通出行方式结构即对应不同的城市交通容量。

旧城区内的城市交通一般可以划分为旧城原住居民的日常出行量、旧城区与城市之间的功能活动所产生的交通量以及旧城吸引城市外的旅游交通量三大部分，其中旧城居民日常出行量与旧城吸引城市内交通量都可以通过交通调查得到，且出行需求具有一定的刚性不易改变，而旧城区域吸引城市外的旅游交通量则相对难以测算，且需求弹性随政策变化较大。

旧城区内很多基础设施既要满足城市居民的日常使用要求，也要满足旅游者的游览需求，因此需要合理确定旅游业对于城市基础设施的要求，并在进行基础设施建设时预留出未来城市发展旅游业的设施需求量，减少旅游者与城市居民在基础设施需求上的冲突。重要的是对旅游交通需求其加以引导组织，以消除未来城市交通压力。

目前，国内外对旧城、历史街区进行旅游交通专项规划的实践非常之少。旅游管理部门常在其旅游发展规划中涉及部分交通规划的内容，而交通规划部门仅在某些项目中，如城市综合交通规划中会依据实际情况，选择加入旅游交通规划这一部分内容，但其工作深度往往受到限制。随着旅游的持续升温，旧城旅游交通反映出越来越多的问题。笔者作为交通规划师，仅从交通方面进行了一些探索，下一步还应与旅游部门深入配合研究。

旅游交通的内涵是因旅游需求而伴随旅游全过程的交通线路、工具、设施及服务的总和。旅游交通规划目的是提升旅游交通品质，更好地服务于旅游，促进旅游经济的发展。

12.6.2 北京东城区旅游交通概念性规划

依据已经编制完成的《东城区旅游十二五规划》、《东城区促进现代服务业发展改革示范区总体策划与重点项目实施方案》等旅游主管部门提供的规划研究成果，东城区坚持科学发展主题，围绕“首都文化中心区、世界城市窗口区”战略定位，树立“大旅游”发展观，以历史文化传承与风貌保护为前提，以改革创新为动力，以三大市级旅游功能区建设为重点，以重大项目为支撑，推进旅游业态高端化、旅游服务智能化、旅游环境品质化、旅游品牌国际化，促进旅游业与现代服务业的要素聚合、业态融合、空间整合，加快旅游产业发展方式转变，全面带动现代服务业提升发展，努力形成人文都市旅游与现代服务业良性互动、融合发展的新格局，将东城区建设成为旅游推动风貌保护、促进现代服务业发展的先行示范区域。

东城将整合东城旅游资源，积极构建“一核两区多片”的东城旅游主体功能格局，其中“一核”指依托历史文化传承发展轴，推进中轴路老北京文化旅游体验区建设，打造东城旅游发展的核心区；“两区”指前门历史文化展示区和南锣鼓巷老北京休闲旅游体验区；“多片”指多个重点文化旅游片区。

交通方面，提出要“逐步构建便捷顺畅的旅游交通体系”。建设自行车驿站，设立自行车租赁点，开发自行车旅游线路，健全自行车旅游服务体系。完善胡同旅游交通标识引导，构建胡同步行旅游系统。推进前门、南锣鼓巷旅游地下停车场建设，优化景点、交通枢纽、特色街区等重要游客聚集地周边的微循环线路，加强故宫北门、钟鼓楼、天坛东门等地区旅游交通组织优化，逐步改善重点旅游区拥堵状况。加强与北京市相关部门协调，研究规划城市观光巴士旅游线，串联东城区重要旅游景区，推动东城旅游交通大循环。

东城旅游交通规划原则归纳总结为以下几点：

① 区域联动、旅游点串联，统筹考虑交通；

② 考虑现状条件，因地制宜，以人为本；

③ 区分旅游交通需求与居民出行需求；

④ 注重交通可达性，更注重交通的服务水平。

旅游交通的规划应联合旅游主管部门，结合旅游发展重点，共同研究制定。本规划仅从宏观层面，概念性的针对目前东城区旅游交通存在的问题，提出规划建议。

1）公共交通

旅游观光线路应作为一种旅游产品，进行精心规划与设计，实现高服务水平，并有鲜明标识。

东城区的旅游观光线路不能局限于东城区的旅游景点，应在更大的范围内进行规划研究，同时考虑景点串联情况、道路设施条件、线路长短及运营车辆等诸多因素，强调高品质的旅游建议服务。

做好公共交通衔接换乘，如采取公共自行车、微型巴士等交通方式接驳。

常规公交线路将游客运送至景点周边后，还应提供下一层级的交通接驳设施。公共自行车与微型公交均是适合东城区的接驳方式，旅游交通规划示意图如图 12-22 所示。

2）旅游停车

① 旅游大巴停车：结合新增社会公共停车场的规划综合考虑；建议天安门区域设置旅游大巴地下停车场；倡导大巴停车与乘客乘降分开解决。

对于地面有停车场，且利用不均衡的区域，如雍和宫区域，应倡导游客与大巴的乘降分离，同时推进车位共享的实施；对于客流量大且周边停车资源匮乏的区域，如天安门地区，建议结合新增的复合型社会公共停车场，建立地下旅游大巴停车场，同时做好游客步行至景点的路径环境建设。

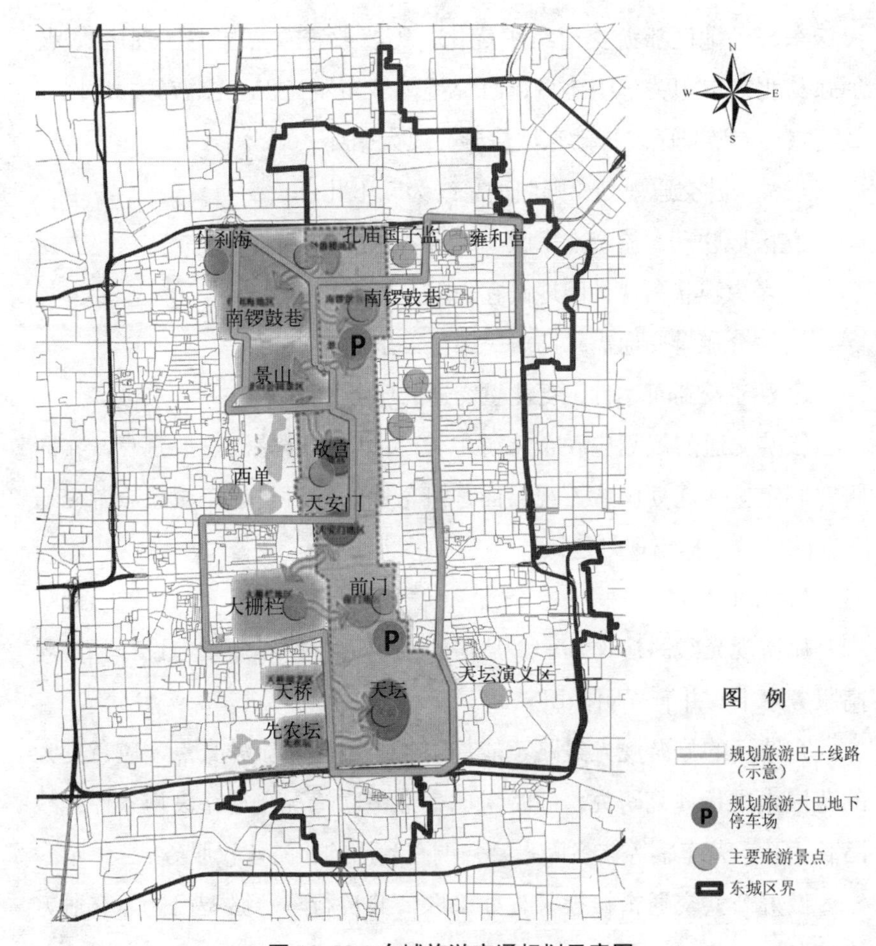

图 12-22　东城旅游交通规划示意图

② 私家车停车：整体抑制机动车停车需求，满足部分私家车旅游停车，结合新增公共停车场考虑。

③ 出租车停靠：景区周边设立出租车停靠港湾。

④ 规范停车秩序，打击旅游黑车。

3）步行与自行车交通体系

① 构建自行车旅游服务体系和胡同步行旅游系统，促进重点旅游片区和特色胡同合理有序串联，形成开放式的步行与自行车旅游交通网络。

② 加强胡同旅游交通指引规划设计，研究设立自行车、步行专用道，完善沿线旅游配套服务设施；

③ 合理布局设置公共自行车旅游服务点。

4）交通信息引导

① 清晰、明了的交通标志、旅游引导标志；

② 采取手机步行导航等高科技手段，发布交通服务信息。

12.6.3 平遥古城景区交通管理对策

平遥古城位于山西省晋中市平遥县，是一座具有2700多年历史的文化名城，素有“中国古建筑的荟萃和宝库”之称，也是中国第一家现代银行的雏形。迄今为止，仍然基本完好地保存了古城的城墙、街道、民居、店铺、庙宇等建筑，原来的形式和格局大体未动，是中国目前保存最为完整的四座古城之一，具有极大的旅游价值。另外，平遥从2001年开始创办国际摄影大展，至今已连续成功举办10届，并在国外多次举办巡展，平遥古城巨大的魅力正在吸引越来越多的国内外游客参观游览。目前，平遥古城景区交通的建设和管理是景区发展的主要瓶颈，同时与景区的旅游价值、作为世界遗产的地位很不相符，存在很多需要改进、改善和完善的地方[22]。

平遥古城旅游景区交通现状如下：

① 平遥古城旅游景区停车场规模较小，管理缺失。平遥古城停车场位于古城北门西侧，距北门约200m距离。占地面积较小，规模不大，与古城作为世界历史文化遗产和著名旅游胜地的形象相差甚远。

② 观光游览车经营无序，管理缺位。观光游览车采取景区管理委员会统一管理，个人承包经营的模式。由于管理不到位、监督缺乏，交通运输管理存在很多问题，如价格不透明、无序停放、驾驶人员服务意识差等等。

③ 景区交通工具缺乏特色化、个性化。目前，景区内的交通工具主要是电瓶游览车和摩的，还有部分自行车租赁商铺提供的自行车，但是缺乏个性化、富有乐趣、能突显景区文化特色的交通工具。

④ 景区交通线路设计单一，没有道路和游览标识。平遥古城景区结构虽然是由纵横交错的四大街、八小街、七十二巷构成，结构规整，

但各景点、服务点布局分散。

⑤ 景区交通缺乏人性化。景区为了限制交通工具，分别在古城内的北大街和西大街中途设立了铁栅栏，只允许行人和自行车通过，但没有设置专门的绿色通道，给残障游客出行造成了很大的不便。另外，景区没有设计交通线路，也没有走向、景点地点等标识，给游客的游览造成了迷路、走回头路、走冤枉路等很多不便。

针对现状存在的问题，提出景区交通的交通运营建设和管理对策[34]：

(1) 加强停车场的改造与新建

平遥古城现在停车场的位置选址并不恰当。一方面，停车场距离古城景区的距离太短，在客流量比较大的情况下，缓冲空间小，容易发生拥堵等现象。据国内外的研究表明，泊车者的步行时间以 5 ～ 6min 为宜；另一方面，停车场与平遥古城的社会道路紧密相连，道路相互交错，对游客的安全造成了很大的隐患，同时给停车场的管理和服务造成了很大的困难。

古城停车场应该重新考虑选址，进行科学合理的规划。在选址方面，应考虑与社会公共道路良好顺畅衔接的同时，也应该避免与社会公共交通道路的相互干扰。平遥古城由于是一座早期民居，古城内现在居住着部分居民，其日常生活和出行都对古城的旅游交通产生很大的影响。因此，古城在选址时，应该尽量避免和社会交通的干扰，特别是能够与古城内居民的交通出行有所区分或独立。

应扩大现有古城停车场规模，满足游客停车需要。停车场面积的大小应该根据平遥古城景区游客接待容量合理建设。既不能盲目追求规模宏大，造成资源的浪费和闲置，也不能因为规模太小，无法满足游客的停车需要。特别是针对节假日的“停车井喷”制定相应的应急解决方案。

建立完善规范的导视系统，加强服务和管理。古城停车场应该设立明确的出入口，并张贴醒目、规范的引导和指示标志。

(2) 加大电瓶游览车的运营管理力度

平遥古城现有电瓶游览车数量基本能够满足游客的交通需要。目前存在的问题是电瓶游览车的服务培训教育和管理。

(3) 加强特色交通工具的开发和应用

景区交通工具的开发应紧紧结合当地的地形、气候、文化、环境等因素。平遥古城是明清时期的民居建筑，景区可以在不破坏和影响景区整体形象的前提下，结合景区实际积极开发、效仿传统的、富有特色、具有参与性、娱乐性的交通工具，如花轿、人力车、马车、花杆等。

(4) 加强交通线路的设计

交通线路是旅游景区内专供游人旅行、游览和进行其他活动而设计和组织的线路，它既是串连和沟通景点、设施的必要条件，也是引导、组织游览活动的必要方式。景区管理者应该根据景区景点的分布、景点的内容并结合游客的心理，科学合理地设计交通线路。使游客在游览中获得大量信息和快感，达到最佳的观赏效果。同时应该在景区内设立醒目的告知、警告、警示、提示、引导和指示标志，保证客人的安全，方便客人的游览。

(5) 加强人性化设施的建设和管理

一方面，景区内可采取租赁，租借等形式为残疾人、老年人、小孩等需要特殊交通工具的游客提供车（椅），必要时可以提供相应的人员服务；另一方面，景区内应设立残疾人或推车者专用绿色通道，为弱势群体提供游览和通行的便利[22]。

12.7 交通管理策略

12.7.1 旧城交通管理策略

基于旧城区历史文化保护区道路资源本身就比较匮乏的现实，应构建良好的交通秩序，立足于交通需求管理。旧城文保区交通体系应在保护历史文化风貌的基础上体现以通为主的原则，构建绿色交通体系，采取合理的需求控制手段和科学的交通管理方式，鼓励非机动车和步行出行，科学配置公共交通资源，适当制约和控制个体机动车交通，科学引导居民出行方式的转变。

一般来说，解决道路交通拥挤的办法将降低交通负荷度，使道路通行能力能够适应交通流的需求。而降低交通负荷度主要通过三种途经去实现：一是通过道路设施的建设提高网络容量；二是通过交通需求管理抑制某些交通方式的出行，减少出行量；三是通过一系列的交通规则、交通设施控制交通流量，使交通流在时空上分布趋于均匀。

旧城土地资源稀缺，不可能通过大修大建交通基础设施来改善交通问题。在逐步完善规划交通基础设施的同时，进行交通管理规划十分重要。另外，居民对交通污染、交通安全越来越关注，交通管理规划也应注重这些方面。

1）机动车管理策略

大量的机动车交通对历史文化保护区交通组织、交通安全和城市风貌等方面带来很大影响。

历史文化保护区车辆拥有管理政策[23]：指在政府尚未限制机动车自然增长时，为缓解历史文化保护区内部突出的机动车停车问题，建议局部实施机动车与停车位一体化管理政策。对于历史文化保护区内部购买机动车，应首先具有独享的停车位。

路权管理政策，包括以下几个方面[24]：

(1) 全部或部分地禁止某些文保区（比如步行商业街）内通行机动车；

(2) 某些特定道路禁止特定车辆的通行；

(3) 设立快速专用道，只允许公交车或者满载的小汽车通行；

(4) 对进入特定区域和道路的车辆收费。

拥挤收费[25]的适用条件包括：

① 城市中心区或拥挤路段在城市高峰期交通需求集聚现象明显；

② 驶入拥挤区域或路段的车辆对于收费具有高度敏感性；

③ 有替代的非拥挤路线可绕过中心区或替代收费路段；

④ 有高质量的替代方式如轨道可通过收费区域或路段。

拥挤收费面临的障碍是可能受到公众的反对、对中心区商业产生影响以及可能的巨大财政补贴。

对于拥挤收费的政策建议包括：对进入文保区的车辆采取拥挤收费

制度时，其费率按照拥挤程度和时段进行调解，具体费率和实施效果及公众的可接受程度通过公众意向调查后进行详细分析确定。

2）停车需求管理政策

实施严格的历史文化保护区内部机动车登记制度，核定区域内部机动车停车空间，实现“一车一位，车位专用”。制定合理的停车收费体系。针对内部车辆长期停放，采取同类区域与中心城同类区域相同的收费标准；对于外来车辆临时停车，建议设定较高的收费标准。

实施旧城控制停车供给政策，随着历史文化保护区人口疏散和机动车逐步淘汰，根据规划缩减停车规模，减少路侧停车供给数量，改善区域交通秩序和城市风貌[26]。

建立健全旧城文保区机动车停车诱导系统，同时引入智能停车、电子收费方式等现代化管理方式提高停车效率。

3）完善公交系统，引导停车换乘政策

提高公交行业的整体服务水平，可以从以下几个方面着手：

(1) 历史文化保护区车站周边设置自行车停车设施，引导自行车——公交（轨道）换乘。

(2) 加强车辆更新，改进乘车环境。使用清洁能源工作，积极推进绿色公交系统工程。在规范车辆技术条件、车身颜色及车身广告的基础上，进一步改善车内空气质量，给市民提供一个舒适、安全的乘车环境[27]。

(3) 研究采取区域小公交系统。结合旧城文保区的道路交通条件与交通需求，引入区域与外部公交站点之间的接驳路线设计。

(4) 优化调整公交线网，完善公交站点设置。结合旧城文保区的周边快速公交线网与轨道交通的分布与运行情况，规划、优化调整公交线网，进一步提高公交线网的覆盖面，方便市民换乘，增加公交对市民出行的吸引力。

(5) 设置旅游公交环线。连接的应该是诸如北京市旧城各文保区的主要景点，游客一次乘车可到达多个主要景点。

4）出租车需求管理

对于文物景点旅游性文保区和商业型旅游文保区有相当部分游客

在不熟悉路线的情况下选择出租车出行，因此有必要对出租车进行需求管理。

(1) 设立出租车统一停靠点

设立出租车统一停靠点，有序组织运营，减轻局部拥堵，降低空驶率。

建议在有条件的旧城文保区或者文保区周围设置出租车专用停车位，采取以下保障实施效果的措施：

① 出租车停靠点宜设在文保区外围区域，避免出租车进入文保区，减少出租车对文保区的影响；

② 诱导标志清楚；

③ 加强宣传，改变人们打车习惯。

(2) 对出租车采用区域准入制度，实行拥挤收费

对出租车采用区域准入制度[28]，收取“拥挤费用”，即在高峰时段进入市中心或交通拥挤的文保区路段出租车收取一定“拥挤费用”，当空车驶入收费区域时，该费用由出租车司机负担，而车内载有乘客时，则由乘客负担。本策略可减少交通拥挤，但负面作用较大，需慎重调查研究。

5) 改善步行和骑车环境

(1) 改善步行和骑车的环境，缩短步行到公共交通站点的距离，方便行人到达公共交通站点；

(2) 设置步行街和机动车禁行街，保障行人和非机动车交通秩序和安全，兼顾旧城文化保护的需要；

(3) 提高步行和骑车的安全和舒适性；

(4) 增加停车换乘枢纽行人和自行车设施供给。

另外，随着车辆保有量的不断增加，交通噪声和车辆尾气污染严重地影响着文保区居民的正常生活。通过对文保区的交通系统采取相应的控制措施，有利于为居民提供一个安静的居住空间，有利于突出区域的历史文化特征。

12.7.2 交通组织与管理国外借鉴

1）欧洲

在欧洲，由于交通基础设施建设相对成熟，城市交通的管理一直是政府和研究机构非常重视的问题。运输研究知识中心（TRKC）针对欧洲的交通现状和主要交通方式，对陆上（铁路、公路以及城市道路交通管理）的内容和范围进行了界定，内容包括城市路网管理，公共交通的安全性、准时性，管理和控制措施等。对于城市道路系统，报告认为交通管理是通过规划和监管手段来控制或影响交通设施及其使用者，以达到使现有基础设施发挥出最大效益，保证交通系统的可靠性和可操纵性，平衡交通使用者之间对交通资源的竞争的目的。

英国主要依靠提高交通拥堵收费，提高中心城区公共交通的使用及出台相应的道路管理法律法规等措施来解决交通拥堵问题。以伦敦为例，2003 年 2 月，伦敦开始对进入市中心的车辆收取交通堵塞费，至 2004 年 3 月为止，收取进城费地区的交通堵塞就减少了 30%，汽车数量减少了 30%。同时，交通堵塞费用于发展伦敦的各种形式的交通设施，包括道路、公共汽车和轨道交通等。

2）美国

20 世纪 70 年代，美国实施的交通需求管理（TDM），它不仅对已经处于道路系统上的需求实施管理，更是将这些需求产生的源头进行一起管理，主要措施表现为一些新的组织方法，它包括 TMA（Transportation Management Association）——交通管理协会，TRO（Trip Reduction Ordinance）——出行减少条例和 NA（Negotiated Agreement）——协商协议，其目的都是让私人与政府间有更广泛的合作，并已经在一些实践中取得了成功。20 世纪 80 年代美国为了改善空气质量，减少单人驾驶，鼓励使用公共交通，于 1990 年出台了《清洁空气法案修正案》（CAAA），制定了《关于交通管理手法指南：1990 年》，把 TDM 作为控制大范围空气污染的措施，1991 年制定的综合路交通效率化法案（ISTEA），将 TDM 作为重要交通对策纳入其中，使其成为交通区域拥挤管理的工具，1992 年美国出版了《交通需求管理手册》，并大力宣传其对缓解交通拥挤、改善环境质量、提高道路使用效能的重要性。

华盛顿主要采取灵活变动车道的方法来疏通车流，灵活有效地缓解了高峰时期的交通压力。此外在上下班高峰时间，大多数路口禁止左转；少数可左转路口均设有左转弯信号灯，并通过中心线偏移的方式设置专供左转车道。同时规定，无论是否绿灯，车辆停在路口内则属于违法行为，罚单较高并予以记分。

智能交通方面，美国西雅图对实时的停车信息以及停车区域分布进行信息发布，通过对不同道路进行颜色标注，指明允许停车区域，禁止停车区域、收费区、免费区，以及目前车位的使用状况。美国圣塔莫尼卡市实时停车信息发布平台可以直观地看出每个停车场的剩余车位数。

3）日本

日本注重智能交通系统的应用。新交通管理系统（Universal Traffic Management System）简称UTMS，这个系统是为适应日本交通需求的日益增长、致力于实现“安全、舒适、有利于环境的交通社会”、于1993年开始建立的交通管理系统，这些系统已经显示了很大的社会、经济和环境保护效益。

总体来看，各国城市交通发展的历程和经验教训表明，明确合理的城市交通政策和配套的法规是引导城市交通向高效、低耗、可持续方向发展的基础条件。

12.7.3 北京旧城交通管理策略

北京旧城交通政策的核心内容是土地使用源头管理和供求整体引导。主要的政策措施包括土地使用源头管理、交通需求引导和交通设施建设三个方面。

土地使用源头管理措施包括：应严格而合理的规划控制城市的建设。对市中心区特别是旧城区新建房屋的使用功能、高度和容积率给予合理的严格规定和限制。对历史文物及其环境对历史风貌保护地区、公园绿地、公共体育场地和学校实行严格的保护。应实行交通影响评价制度，严格旧城土地开发；应优先确保公共交通、自行车和步行的交通用地。

结合旧城的特点和存在的问题，借鉴国外城市交通政策的经验，将北京旧城拟采取的交通管理策略归纳如下：

1）控制旧城建筑总量和危改进程

（1）严格控制旧城总体建筑规模和开发强度，不得再突破控规指标；

（2）推广有利于使用公共交通、自行车交通的土地使用规划政策；

（3）危改进程要和交通容量相吻合，必须同步完成区域内部“微循环”道路系统的建设。

2）控制旧城机动车生成吸引量

（1）控制旧城私人小汽车保有量，鼓励政府部门减少公务车保有量；

（2）控制旧城公共停车位和自备停车位总量，严格控制路内停车位的施划，皇城内不再增加新的停车位；

（3）普查、清理公共建筑配件停车位的使用状况，应一律对社会开放，不得挪作他用；经营性公共停车位，应根据所处区位和停车时段的不同，采用弹性收费制和累进收费制；

（4）重新研究旧城新建、改建居住区和公共建筑配建停车位指标，车位配置标准应低于旧城以外地区。

3）减少旧城内和进出旧城的无效交通量

（1）调整产业形态，将一部分大型医院、大型零售批发市场等迁出旧城；

（2）降低出租车空驶率，在主要的人流集散地（购物中心、医院、写字楼、地铁站附近等等）开辟出租车停车位，配备区域性出租汽车调度站，实施出租车调度制度，主要道路禁止招手停车；对出租车采取按车号停驶措施；

（3）研究导入“电子化道路收费系统（ETC）”、研究旧城区域拥堵收费等政策的可行性。

4）提高公共交通服务水平

（1）继续加快旧城轨道交通建设；

(2) 旧城干道需设置公交专用道，选择主要干道布设快速公交走廊，完善旧城公交支线网的敷设；

(3) 使快速公交网、普通干线网和公交支线网合理级配、有效衔接，缩短公交换乘距离、提高换乘效率；

(4) 倡导轨道交通与地面公交、自行车交通、步行交通的无缝衔接换乘。

5) 改善自行车及步行环境

(1) 在有条件的地区设置自行车专用路系统，改善自行车行驶条件，在主要道路上设置机非隔离设施；

(2) 完善自行车停车场，方便自行车与公交的换乘；

(3) 改善旧城步行系统的连续性和步行环境，在有条件的地区设置步行街；

(4) 增设地面过街设施，改善无障碍条件。

12.7.4 北京新太仓历史街区交通组织规划

在此仅以新太仓历史街区的胡同交通组织为例。

新太仓历史文化街区内东西向贯通的胡同共 7 条，现状胡同宽度在 4 ~ 8m 之间，规划建议在现状基础上适当扩宽胡同。另外，从外部路网系统分析，东四十三条连接东四北大街与二环辅路，且位于区域中部，属于交通功能较强的胡同，建议该胡同宽度拓宽至 12m（含一上一下两条机动车道与两侧各 2.5m 的非机动车、行人通行空间）。

新太仓历史文化街区内南北向贯通的胡同仅 1 条，为新太仓胡同。现状该条胡同宽仅 2.5 ~ 5m，作为区域内唯一的南北向通道，其交通功能较强，拓宽至 7 ~ 8m，满足机动车双向通行的条件。

历史文化街区内其他胡同宽度基本保持不变，仅在瓶颈段结合建筑物的情况局部拓宽。

为配合机动车的交通组织，还对新太仓历史文化街区的机动车停车进行了研究。新太仓历史文化街区规划人口为 1.2 万，假定 2020 年居民机动车保有量为 2200 辆。规划仅解决本地居民的基本停车需求。

经初步测算，可通过建设地下停车场、共享车位、错时路内停车集中措施共同缓解停车难题。

对于宽敞的院落，鼓励修建庭院内升降式停车位，满足用户自有停车需求。

对于其他条件局限的院落，规划结合可改造用地资源，建设3处地下停车场，分别位于石雀胡同与板桥胡同相交的东南角、东四十四条与东直门南小街的西南侧、东四十二条与新太仓横街相交西南侧。停车场建筑规模应在下一步相关研究中确定。另外，3个规划停车场的出入口处附近，应适当拓宽胡同宽度。对于6m以下胡同，应坚决禁止车辆停放。近期可利用6m以上胡同，允许夜间单侧停车，但远期应随着地下社会公共停车场的建设，逐步取消胡同内停车。

交通组织方案规划流程如下：

（1）按交通功能，对胡同进行分级，初步确定胡同内的主导交通方式。

（2）确定主要的机动车流向、确定禁止机动车通行的胡同与区域。

（3）划定机动车流向，模拟机动车运行流向，调整优化。

（4）交叉口采用非灯控形式，同时设置限速标志（限速在10～20km/h），设置减速垄等交通设施。

交通组织方案并非唯一，在此仅提供一种交通组织方案，如图12-23所示。

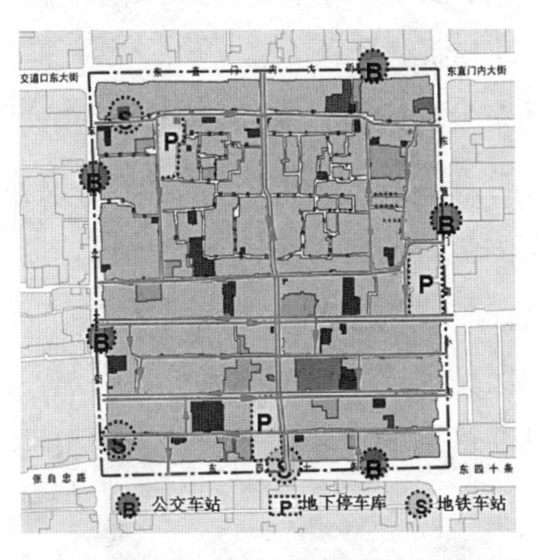

图12-23　新太仓历史文化街区交通组织方案

12.7.5 北京什刹海地区交通整治方案

什刹海地区交通整治所遵循的原则是保护旧城历史文化风貌区，保护胡同格局和肌理，以人为本，营造保护区内有特色的胡同交通[29]。

什刹海地区的前海、后海和西海呈西北至东南方向的斜向分布，由于区内水域的阻隔，使得什刹海地区路网结构先天不足，缺乏畅通性道路。另外，区域内丰富的旅游资源以及新兴的酒吧街近年来吸引了越来越多的游客，交通基础设施的供给远远不能满足快速增长的交通需求。通行条件差、行人机动车混杂、停车无序、居民出行条件差以及交通拥堵带来的大气及噪声污染等问题日益突出，已经成为制约什刹海地区经济社会发展的重要瓶颈，并且还带来了许多的社会问题。故此，加强什刹海地区的交通整治不仅是改善交通环境的要求，而且是构建本地区和谐社会的迫切需要。

什刹海地区的交通问题是一个综合性问题，应放在整个城市系统中来考虑。在什刹海地区交通发展模式的引导下，根据区位特点、功能定位、资源条件，在参考国外解决旧城交通问题的相关经验的基础上，提出缓解什刹海地区交通问题的主要措施。

（1）逐步落实旧城控规中规划人口与建筑规模，控制区域内部总开发规模；

（2）制定政策，抑制区域内小汽车交通的发展；

（3）在旧城保护、文物保护及胡同肌理保护的前提下，提高什刹海地区路网的连通性和系统性；

（4）结合机动车发展政策，制定停车政策。同时利用经济手段调控停车设施的供给能力，实现停车设施的动态供需平衡；

（5）提升区域内步行与自行车的交通地位，提高公共交通的服务水平，维持区内现有客运交通结构；

（6）重新分配区域内道路（胡同系统）资源，提升区域内道路系统的交通效率，结合胡同的现状交通状况，组织机动车单行系统、行人及自行车专用系统；

（7）完善交通组织和细化管理章程，加大管理力度，做到有章必循，循章必果；

（8）依照区域内可利用资源的情况，研究制定引导区域内部旅游经济及特色酒吧文化街的发展政策。

由于篇幅有限，在此仅从什刹海地区机动车交通组织方面进行叙述。

根据什刹海地区独特的路网拓扑结构和各个胡同所承担的不同交通功能及道路系统的现状交通组织形式，合理利用现状胡同的宽度、连通性及走向，结合现状交通需求，将区域内部分胡同分路段、分时段、分车种组织成机动车单行系统，以提高区域内道路系统的交通效率，干道和部分宽度较大的胡同仍然按双行考虑交通组织。

依照居民出行、公建设施、旅游景点以及酒吧分布等因素的交通需求，尽量减弱机动车对非机动车及行人的影响。单向交通合理设置能够有效地避免狭窄路段双向行驶的机动车之间的相互干扰，提高区域内行人自行车交通的安全性。从而提高的道路通行能力。

什刹海地区现行的单向交通组织以固定式单向交通为主，但部分路段疏于管理，机动车违章行驶严重。

区域内交通组织需要调整的重点区域和路段主要集中在后海北沿区域，烟袋斜街、银锭桥及前海东沿、南沿区域，后海南沿、前海北沿及恭王府花园东部区域，羊房胡同、柳荫街、定阜街及前海西街区域，新街口东街、积水潭医院区域等。

1）后海北沿、鸦儿胡同、烟袋斜街、前海东沿区域

后海北沿沿湖路段：本道路路况及贯通性较好，走向基本上与鼓楼西大街平行，道路高峰时段为分流鼓楼西大街的交通量较为关键。经调查本道路早晚高峰时段的机动车流量较大，但其东段道路部分段较窄，且分布有部分酒吧和“烤肉季”餐厅，平时沿湖观光游览、休闲娱乐游客较多，行人与机动车之间相互影响严重，给本区域的环境带来了很大的负面效应。基于以上原因，对本道路整改提出如下治理措施：

后海北沿广化寺以东路段分时段（夜间 23：00 至次日 9：00）组织机动车由西向东单向行驶，其余时段为步行专用道，机动车禁行；将鸦儿胡同组织为单向交通形式，机动车可由后海北沿向鼓楼西大街单向

行驶，以此作为后海北沿东段禁行时段机动车交通的补充通道。

烟袋斜街和银锭桥、前海东沿属于什刹海文保区的民俗文化旅游点，平时国内外大量游客来此观光，是一处集自然风景和人文风景于一身的重要旅游景点。目前由于机动车可以穿行此处，致使本区域交通经常拥堵，周围居民的生活也受到了严重的影响。故将烟袋斜街、银锭桥、前海南沿设置机动车禁行；将后海北沿的后海北沿胡同至银锭桥和前海东沿的银锭桥至金锭桥路段设置机动车分时段禁行。

后海北沿、鸦儿胡同、前海东沿区域机动车交通组织如图 12-24 所示。

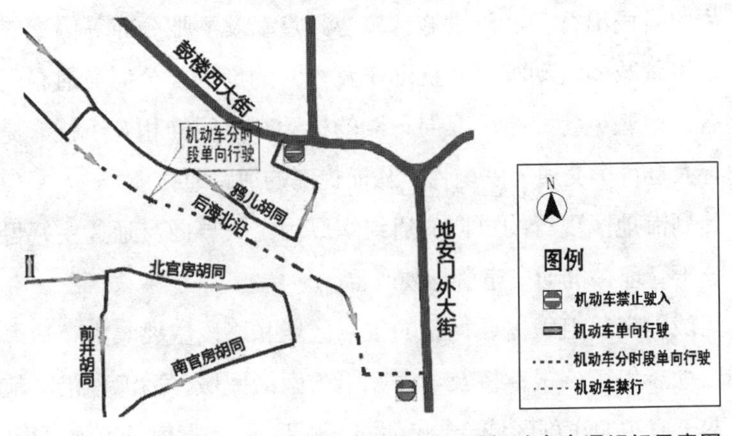

图 12-24　后海北沿、鸦儿胡同、前海东沿区域机动车交通组织示意图

2）金丝套地区

金丝套地区其外围北侧和东侧是什刹海地区酒吧较为集中的地区之一，地区内胡同狭窄，夜间游人较多，加之路边胡同车辆乱停乱放严重，交通秩序混乱。

金丝套地区内部现状胡同系统多为 3m 以下，沿湖内侧部分胡同宽度为 3 ~ 5m，但互通性较差。根据胡同整治的结果，大翔凤胡同与北官房胡同之间打通后，经银锭桥胡同沿南官房胡同与毡子胡同构成封闭回路。并且连通的大翔凤胡同、被官房胡同、银锭桥胡同、南官房胡同成为通达性较好的 A 类胡同，起到分流前海北沿机动车禁行后的机动车交通的作用。

基于金丝套地区胡同系统的整治结果，沿大翔凤胡同、北官房胡同、银锭桥胡同、南官房胡同、前海西街、柳荫街（东侧）组织顺时针的机动车单向行驶系统。在系统内部，将前井胡同和毡子胡同组织为由北向南的单向行驶；并且在南官房胡同西段、前海西街东段和毡子胡同北端组织一个小的顺时针机动车循环系统，使整个金丝套地区形成一个有序、顺畅的机动车行驶系统。金丝套地区机动车组织方案如图 12-25 所示。

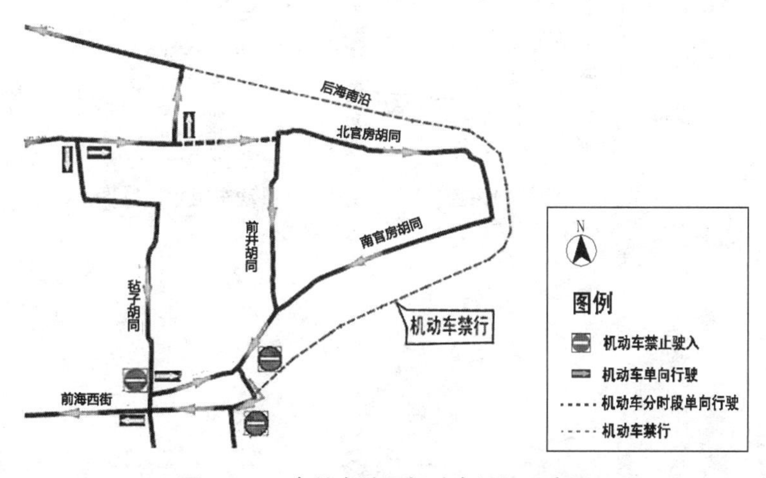

图 12-25　金丝套地区机动车组织示意图

3）新街口东街、四环胡同区域

积水潭医院是该区域一个重要的机动车交通产生 / 吸引源，是本区域机动车交通组织一个重要的考虑因素。新街口东街是出入积水潭医院的必经之路，在高峰时段经常出现交通拥堵，不但影响周边居民的出行，医院进出车辆也十分不便。

目前新街口东街正在进行拓宽改造，由于现状双向交通流量均较大，且考虑到积水潭医院进出车辆的需求，本区域机动车交通组织方案中新街口东街仍然为双向行驶。为减少道路南侧综合市场对新街口东街的影响，禁止罗儿胡同由南向北的机动车驶入。

四环胡同内规划有一处机动车停车场，以解决附近居民和现状综合市场的停车问题。为保证进出停车场方便快捷，并减少进出综合市场机动车产生的交通冲突，根据四环胡同的整治方案，市场周边组织机动车单行，邱家胡同改造后组织由南向北的机动车单行。

新街口东街、四环胡同区域机动车组织方案如图 12-26 所示。

图 12-26　新街口东街、四环胡同区域机动车组织示意图

第 13 章　规划实施保障

13.1　道路规划保障措施

道路网系统规划的保障措施旨在建立体系合理、科学严谨、问题导向的法律法规框架和政策支持，系统完善的机制保障体系，先进可靠的技术保障后台及多元参与、公开透明的资金保障系统。

1）法律法规保障

（1）为确保道路建设方案按计划实施，建议研究并出台“保障市政道路建设”、“保障微循环系统建设”、“市政道路红线范围内建筑物拆迁”和“开发商代征代建道路”等方面的法律法规或实施条例。

（2）道路交通建设环节所涉及的计划、规划、建设、管理等方面，务必严格遵行国家法律法规及地方条例规定，做到道路交通建设与旧城主导交通模式相协调，道路交通规划与道路交通运营管理相协调。

2）政策保障

（1）坚定不动摇地贯彻执行公共交通优先政策。

（2）针对旧城内道路交通建设与历史文化保护间的矛盾，建议尽快出台相关政策以进一步明确旧城保护与道路规划、建设和管理间的关系，确保两者的统筹兼顾、协调发展；针对历史文化保护区内的交通改善问题，建议制定相关政策以理清改善与拆迁的区别，指出改善举措可带来的惠民效应，重新确立民众对文保区内交通发展的信心；针对历史文化保护区边界的拆迁难问题，建议制定历史文化保护区边界干路道路红线内建筑物拆迁的相关政策。

3）机制保障

（1）加强区级交通疏堵领导责任制的绩效考核，提高各部门对工作职责的重视投入。

（2）充分发挥政府主导、协调、监管作用，理清行政职能与经营职能，对道路建设、管理、运营，区政府应在政策上予以大力扶持。

(3) 决策过程务必以专业技术支持部门的研究为基础，坚持专家领衔、领导决断，完善交通规划编制、审查、审批、修改程序，建立科学决策机制。同时，强化人大、政协、媒体、公众对交通规划、预算、决策的监督作用，建立健全交通发展问责机制。

(4) 完善交通战略规划、综合交通规划、专项交通规划、区域交通规划、近期交通改善、交通影响评价的交通规划综合体系，并与相应的总体规划、分区规划、控制性详细规划、修建性详细规划等相衔接协调。进一步完善交通规划执行和落实机制，确保交通建设、城市建设、土地开发利用三者同步进行。

(5) 建立有效的市政道路代征代建机制，确保建设主体为政府，建设资金多方筹措，从而保证市政道路的顺利建设和如期使用。

(6) 进一步完善开发商代建道理基础台账，建立健全道路移交工作机制，逐步完成代征代建道路的移交工作。

(7) 确保次干路和支路系统的实施力度，引入次干路和支路建设情况定期评估制度。

(8) 创新路政管理机制，完善城市道路占道掘路施工管理办法，加强城市道路占道掘路施工许可、监管和执法工作，倡导“无痕服务，快速维修”城市道路养护原则，推进区管道路养护量化考核。

4) 技术保障

(1) 推进交通信息化，完善道路网 GIS 系统基础信息，确保定期维护更新；应用智能化交通技术，完善动态交通采集、分析、发布、诱导综合系统，深入研究自然灾害或紧急情况下动态交通疏散的具体方案和实现手段。

(2) 推进节能技术与环保材料的应用，引导和支持交通建设与交通工具上采用新技术、新工艺、新材料、新产品，推广可再生资源和资源再生利用，发展交通循环经济。

(3) 注重引进交通科技人才，完善用人机制，加强专业技术队伍建设，适度组织交流以提升规划管理人员的技术水平及技术应用人员的宏观视野。

（4）重视后续项目研究，建议重点跟进文保区单向交通系统、旧城内微循环体系、动态交通诱导系统、动态交通模型、道路拥堵收费、HOV 车道等的研究，保障项目资金投入。

5）资金保障

（1）建议政府主导的前提下，保障道路建设资金真正地用于道路建设用途，同时多方筹措、合理安排资金，加大区内对道路建设的投资力度，适当考虑市场化运作方式，从多渠道保障道路的建设速度。

（2）建议加大次干路和支路建设投资力度，合理安排各级道路建设资金分配比例，保障次干路和支路建设有序稳步推进。

13.2 公共交通规划实施保障

公共交通作为城市的公共服务和公益性行业，其责任主体是城市政府。政府对公共交通的建设发展规划、政策保障、资金支持、组织监管等负有主导责任。政府首先应明确对公交优先和公交行业发展的主导性职责，明确公共交通行业主管部门及职责，明确公交优先发展的决策协调机制。同时，应对公共交通相关部门的权力做出限定，建立优先发展城市公共交通的有效机制。

城市政府主要领导负责，相关部门负责人参加的优先发展公共交通机构，统筹城市公共交通发展战略和规划，形成各部门之间的联动机制，协调、解决发展中遇到的突出问题，并将公共交通发展建设情况作为考核各区县相关领导的内容之一。

政府对公共交通的管理包括多方面，其中比较核心的有两点：一是规划的制定与实施，通过科学规划政府可以合理地控制公共交通设施的用地、线路的布设等；二是保证公共交通服务质量与高水平的管理，不应简单地将公交服务移交给公交企业，应建立科学严谨的公交服务考核标准，通过政策规定及实时监管的形式保证公共交通企业提供高质量的服务。

在日常交通管理工作中，应对公共交通给予足够重视，对公共交通企业、不同公交方式的服务进行规范，制定公平、公正的服务准则，对公交服务进行监督、考核、定期审查，明确企业责任和义务，保障乘客获得满意的公交服务。

“四优先”中的路权分配优先的落实过程中，敢于牺牲小汽车的利益，保障公共交通的利益。除在城市主、次干路上施划公交专用道外，还应在主要公交走廊覆盖的快速路和高速路上施划公交专用道。

城市公共交通是一项综合的公益性基础事业，具有技术性强、涉及面广的特点。总结国外公交发展的相关经验，公共交通行业的快速发展得力于完善的法规体系引导，依法管理、多方协调已成为公交发展的一个基本特征。要真正落实公交优先，需要专门的公共交通法律法规，还应制定相关配套规定，确保公共交通在政策保障、管理科学、资金支持、机构统筹等方面的协调发展。

国内国际经验表明，通过政策和法律的形式促进公共交通优先发展是十分必要而有效的。制定促进公共交通优先发展的政策、法规及发展战略等，为公共交通优先发展提供制度政策保障。

2007 年 4 月 11 日，《城市公共交通条例（草案）》面向全社会公开征求修改意见，标志着我国国家层面的公共交通法案制定取得了重要进展。

根据政策的目标导向、实施层面、作用对象、政策效力等因素的区别，公交优先政策大致可以四个类型：强制性政策、激励性政策、鼓励性政策和保障性政策。

(1) 强制性政策，包括两个方面：一是法律层面的保护公交优先发展的法定化政策条款；二是落实公交优先不可或缺的基础性政策措施。

① 用地优先政策。用地优先会对公交基础设施建设产生最直接和有效的影响，对公交基础设施用地实施优先配套，可以从根本上满足公交优先发展的基础性需求。

② 财务优先政策。财务优先关系到公共交通的资金投入保障、票价票制体系制定、政策性亏损补贴等公交优先发展的核心问题，为保持公交优先的持续性和稳定性，应作为强制性政策之一。

③ 路权优先政策。路权优先是城市道路交通资源分配上对公共交通的倾斜，体现了公共交通方式在公共资源分配中的优势地位以及道

路公交管理中“以人为本”的价值取向。

(2) 激励性政策，是公交发展的内部机制与外部因素入手，以构建有利于实现公交优先发展的良性环境为目标。

① 有限市场化政策。在市场经济条件下，公交行业的有限市场化政策是引导公共交通有序竞争，不断推动行业改革、提升服务质量的重要保证，也是公交优先发展最基本的内在需求。在实际操作中，典型做法是实行公交专营，通过政府监管下的合理竞争，刺激公交服务效率与服务水平的提升，降低运营成本。

② 交通需求管理政策。公交优先发展不仅需要自身的完善，从体现公交优先的角度，还需要对其最主要的竞争方式——小汽车交通实行有效的限制，限制小汽车的无限扩张和使用自由，创造公交优先的出行环境，吸引更多的人选择公交方式。

在公共交通优先的发展理念下，交通需求管理有两个基本出发点：一是保证对公共交通的有效扶持；二是对小汽车交通方式的合理限制。对公共交通的有效扶持主要包括三个方面：一是经济上对公交的扶持，即在财政、税收等方面支持公共交通优先发展；二是在空间组织、用地布局、路网结构等方面发挥公交引导的作用，即对公交场站用地、公交专用道等优先考虑；三是道路使用与管理上对公交的优先。对小汽车交通方式的合理限制一般包括：购置限制，如控制牌照或增收购置税；通行限制，局部空间或时间限制通行；停车限制，局部空间或时间禁止停车或高费率等。

在这两个基本点的指导下，公交优先导向的交通需求管理措施体现在三大方面，即总量控制、差别化管理和交通结构管理，具体管理措施见表 13-1。

(3) 鼓励性政策，涵盖的内容广泛，可结合不同城市、不同分区、不同阶段的公交优先发展要求，做出有针对性地选择，合理采用，有序实施。

① 鼓励社会化公交。即在政府的有效监管和控制下，允许特定的社会车辆进入公交服务领域，提供多样化、可选择的公交服务，形成对常规公交的有效补充，从而更好地满足更多人的公交出行需求。

公交优先为导向的交通需求管理措施表　表13-1

策略	措施	实施方法
总量控制	限制小汽车	1.限制小汽车路权； 2.停车设施总量控制； 3.限制牌照发放量
	引导公共交通	1.设置交通专用道； 2.加快建设轨道交通或快速公交
差别化管理	土地利用引导	1.鼓励以交通为导向的开发模式； 2.用地性质混合
	交通政策引导	1.交通分区； 2.停车分区调控
交通结构管理	提高小汽车出行成本	1.提高牌照税； 2.征收燃油税； 3.道路拥挤收费； 4.停车费用
	小汽车限行	1.单双号限行； 2.倡导“无车日”活动； 3.公务车改革
	公交补贴	1.雇员公交通勤补贴； 2.公交补贴免税政策

② 鼓励车辆合乘。本质上是倡导对小汽车的合理使用，节约城市道路资源，缓解道路交通拥堵，从而为公共交通出行创造更为宽松的外部环境。

③ 鼓励停车换乘和优惠换乘。通过鼓励小汽车或非机动车停车换乘公交，不仅可以有效延伸公交、轨道线网服务范围，减少小汽车出行，最大限度提高公交出行比例，为公交优先发展预留更大的空间。优惠换乘主要是指公交系统内部不同公交线路或方式之间的换乘实行票价优惠。

④ 保障性政策。主要是针对公交发展中的弱势群体或在公交欠发达地区，通过制定合理的优惠性引导性措施，促进公交优先的普惠性和公平性，实现全民共享公交优先发展成果。

公共交通是支撑城市发展的公共服务和社会公益性行业，其建设资金的主要来源是政府主导下的公共投资，承担公共交通投资保障的主要责任和义务。

2005 年出台的《国务院办公厅转发建设部等部门关于优先发展城市公共交通意见的通知》（国办发 [2005] 46 号）中明确提出政府要进

一步加大对公共交通的财政支持，“城市人民政府要对轨道交通、综合换乘枢纽、场站建设，以及车辆和设施装备的配置、更新给予必要的资金和政策扶持。城市公用事业附加费、基础设施配套费等政府性基金要用于城市交通建设，并向公共交通倾斜”。可以说，政府投资是公共交通投资的基本保障。

(1) 公共交通投资纳入公共财政预算体系

资金支持需明确将公共交通事业发展纳入政府公共财政优先投资领域，坚持以政府投入为主，统筹安排，重点扶持，明确资金来源与投入比例（公交事业支出占公共财政支出比例）。具体来说，应加大公共交通基础设施建设的投入，对场站设施建设、车辆和设施装备更新给予必要的资金扶持。

城市政府应当重视增加公共交通的资金支持和投入，可以预期，资金的投入将会大大改善公共交通的通行条件，提高公共交通出行的舒适程度，使得运量大且高效便捷的公共交通工具具有更强的竞争力和吸引力，改善居民交通出行环境的同时，实现城市交通的可持续发展。

(2) 保障公共财政对公共交通的投资规模

近年来，在“公交优先”战略的推动下，国内部分城市也开始将交通基础设施投资的重点向公共交通倾斜。北京市公共交通在交通基础设施投资中所占的份额从“九五”时期的18%提高到“十五”时期的30%，“十一五”时期这一比例约为50%。

影响公共交通投资规模的因素众多，关系较为复杂，通常可以借鉴发达国家城市的经验数据。亚洲银行的相关研究指出，世界大城市在交通快速发展时期对公共交通的投入一般占城市交通总投入的50%左右。因此，国内城市应继续加大公共交通的投资规模，确立公共交通在城市交通基础设施投资中的优先地位。在机动化起步和加速发展阶段，城市公共交通占城市交通总投资的比例应不低于30%；在进入轨道交通快速发展阶段，城市公共交通占城市交通总投资的比例应不低于50%。

(3) 建立稳定的公共交通发展资金来源渠道

现代化公交设施（如轨道交通、快速公交、新型公交、公交枢纽等）的建设，公交事业的发展需要大量的资金投入，主要依靠政府财政支持，票款收入已经不能作为主要来源。要建立长期有效的保障机制，需要建立稳定的资金来源渠道以保证确保公交优先发展资金投入的可持续性。

积极拓展多元化投资渠道，设立公共交通优先发展专项基金。资金来源可以是车辆燃油税、汽车登记税、土地批租收入、基础设施配套费、城市公用事业附加费、城市建设维护费等。

此外，可以考虑实行专项税金制度。从限制小汽车自由发展、过度使用和促进出行公平性的角度出发，对小汽车使用者征收交通拥堵费，专门用于补贴公共交通的建设和发展。

13.3 步行交通规划实施保障

(1) 步行系统与车行系统同步规划、同步建设。对现有未达到标准的道路实施改造。

(2) 建立日常巡视和严格的管理机制，彻底解决机动车和自行车占用人行道问题以及其他非法占用人行道问题，保证人行道有效宽度的连续性。

(3) 人车混行的街道或胡同，应完善交通标识，限制通行机动车的种类和车速，确保行人安全。

(4) 人行横道应设置交通信号灯，信号灯配时应按照老年人的步行速度计算，确保行人有足够的时间安全过街。尽量实现行人一次过街，配备声响装置的信号灯。

(5) 加强对步行交通系统的治安防范。在人行天桥、地下通道以及复杂、僻静的地段，设置监视器等治安防范措施，确保行人安全。

13.4 非机动车交通规划实施保障

为自行车交通创造良好环境，不仅要体现在硬件设施上，还需要体现在政府的相关政策上。政府提倡自行车这种绿色交通方式，应旗帜鲜明地通过各种方式表明政府的支持态度。

1）确保小型道路交叉口处自行行车交通的路权

在一些小型的交叉口，一些转弯机动车因交通堵塞无法进入前方道路而等候，往往会堵住自行车道。应该施划黄色网格线到自行车道，提醒等候转弯的机动车空出自行车道，确保自行车道的通畅。

2）解决机动车停车占用自行车道问题

3）施划自行车左转弯待转线

在次干路以及以上等级道路平面交叉口，划设清晰的自行车左转弯待车线，确保左转弯自行车的二次过街和交通安全，改善道路交叉口处的交通秩序。

4）机动车限时停放

主次干道上的机动车道，可根据交通量情况，在严格管理的前提下实行限时停车措施。在居住小区、学校等附近集散性较强、停车需求较大的道路，短时期内难以通过路外停车设施满足停车需求的，允许根据实际情况设置临时的机动车限时停车位。临时停车位的设置位置、设置时间均应根据停车高峰地点、高峰时间确定，并配以相应的现实停车标志、标线。

5）保证施工期间自行车通行条件

在日常市政施工过程中不应占用自行车道，若需要占用自行车道，需采取措施并设置施工区标志标线等保证自行车道的基本通行和安全。

6）限制电动自行车的出行或限制其行驶速度

当两种车辆速度相差悬殊时，容易发生交通事故，与电动车相比，普通自行车为交通弱者，易受到伤害，因此，要限制电动自行车的出行或者限制其行驶速度。

7）公交车进站贴边停靠

公交车进站不贴边停靠使得自行车无法借道行驶、上下乘客易于自行车发生冲突。因此，公交经营企业要不断完善行业标准，加强内部教育、监督与管理，确保公交车进站靠边停靠。

8）有效打击自行车盗窃行为

有效打击自行车盗窃行为，可消除广大骑车人的后顾之忧，为自行车交通的健康发展提供良好的治安环境。

13.5 停车规划实施保障

1）建立和完善城市停车规划发展的相关政策、法律法规体系

在广泛认识和确立城市停车设施供给和服务的市场化定位基础上，构建完善的法律法规体系，从规划、建设、运营、管理等环节为城市停车规划发展提供政策和制度保障[30]。

(1) 尽快出台城市停车产业发展的政策，从发展与规划、投融资与建设、运营与管理、监督与考核、综合配套等各个环节，提供全局性、纲领性依据；各城市依据综合交通体系规划，统筹停车产业发展规划与空间资源、公共交通发展等相关领域的协调关系，在一定程度内满足广大市民个体机动化出行需求。

(2) 完善停车设施的产权界定方面的法律法规，尤其是关于居住小区配建停车位产权的归属；建立符合市场化的停车设施供给与服务的收费定价机制，真实客观地反映停车供给和服务的经济成本；出台停车设施共享管理规定，可以利用不同目的机动车出行在时间上的差异性，实现停车空间资源高效利用。

(3) 完善制定城市停车规划发展相关的标准准则，包括城市停车规划、建筑物配建停车位标准以及停车场建设、服务、停车设施技术装备等。

2）加强停车秩序管理和停车产业发展的调控监管

城市停车管理由多个方面、多个环节的措施共同构成，这些措施相互关联，某一方面或者某一环节不到位，就会对停车规划发展产生较大影响。

(1) 常态化的城市停车秩序管理是解决停车问题必不可少的前提条件，是保障城市停车设施供给和服务的市场化环境的根本。

(2) 在停车产业发展的政府调控监管方面，建立以城市空间和交通发展等策略相协调的停车规划发展战略，以投入成本与产出收益符合市场经济规律的产业发展环境，以服务满意度为主的停车服务考核

制度，对政府和停车产业涉及的建设、运营等企业的履行职责情况进行考核。

（3）建立停车数据信息采集和管理机制，支持动态监控和评估停车供需状况，包括城市停车设施普查、停车设施利用电子化数据、停车需求特征调查、停车价格信息等。

3）完善综合交通体系规划中停车规划相关内容和要求

城市停车规划是综合交通体系规划的组成部分，应贯彻资源节约、环境友好、社会公平、可持续发展的原则，有效地统筹配置城市土地和交通资源，促进公共交通优先发展，引导小汽车合理使用，有利于步行和自行车交通环境改善。

城市停车规划分为总体规划和详细规划两个阶段。专项规划中涉及的停车规划内容和深度应与专项规划所属规划阶段的要求一致。

（1）在总体规划阶段，城市停车规划应以城市发展战略为指导，统筹现状停车供需关系，考虑未来机动车发展水平，结合交通需求管理措施，采取区域差别化的停车供给策略。城市停车规划内容应包括：城市停车需求预测、停车发展战略、停车发展目标、分区的停车位供应总量，城市公共停车场规模和分布，建筑物配建停车位指标等。

（2）在控制性详细规划阶段，停车规划应依据上层次规划确定城市公共停车场控制指标和城市设计指导原则，核算各地块内建筑物配建停车位规模。

（3）在修建性详细规划阶段，停车规划应依据控制性详细规划确定的控制指标、引导性指标以及国家现行有关标准的规定等，确定城市公共停车场平面布局、出入口设置及交通组织方案，估算工程量、拆迁量和总造价，分析建设条件，开展综合技术经济论证。

4）加强停车规划发展的基础理论研究和科研创新

加强停车规划发展涉及的经济、土地、能源、环境、交通、技术装备等方面基础理论研究，重点关注机动车发展水平预测、停车需求预测、差别化停车供给策略、停车收费模式、机械式停车设施建设等关键技术创新。结合城市发展需要，成立专业的停车规划发展研究机构，加快健全和完善相关领域的技术标准和规范体系。加强城市停车领域的高新技术研究，逐步形成健全的停车规划发展科研创新体系。

13.6 交通管理规划实施保障

1）健全交通管理体制

制度建设具有根本性、全局性、稳定性和长期性。制度的特性决定了在道路交通管理实践中，必须将制度建设放在首位。

2）交通管理队伍建设

要坚持从严治警、科学用警、关爱民警，进一步加强和改进交警队伍建设。

3）交通执法

切实加强执法为民教育，改善执法形象，强化执法监督，狠抓突出问题解决，努力维护群众合法权益，维护社会公平正义，实现法律效果与社会效果的有机统一，使交警执法效果不仅体现在交通违法行为减少和交通事故数下降上，更体现在群众认可和群众满意上，体现在促进和谐、惠及百姓上。

4）加强交通安全宣传教育

着力加强道路交通安全宣传教育，用创新的理念进一步加大道路交通安全宣传教育的力度；全面普及道路交通安全的各种知识，不断增强广大人民群众的“文明交通”意识；通过各种有效途径，全方位进行宣传教育，不断提高道路交通安全宣传教育的实际效果；热情服务，文明执法，用公正处理的具体案例和良好的实际行为教育广大人民群众；加强道路交通安全的领导与监督，确保教育的质量，推动道路交通安全宣传教育工作不断取得新的进展。

参考文献

[1] 阮仪三．中国历史文化名城保护与规划 [M]．上海：同济大学出版社，1995.

[2] 李其荣．城市规划与历史文化保护 [M]．南京：东南大学出版社，2002.

[3] 单刚，王晓原，王凤群 . 城市交通与城市空间结构演变 [J]. 城市问题，2007，9：37-42.

[4] J•M• 汤姆逊，倪文彦等译 . 城市布局与交通规划 [M]. 北京：中国建筑工业出版社，1982.

[5] 陆化普 . 解析城市交通 [M]. 北京：中国水利水电出版社，2001.

[6] 史蒂文 • 蒂耶斯德尔．城市历史街区的复兴 [M]．北京：中国建筑工业出版社，2006.

[7] 吴良镛 . 北京旧城保护研究 [J]. 北京规划建设，2005.2：20-28.

[8] 陈薇，杨俊 . 南京明城墙保护与相关城市交通发展的探讨 [J]. 建筑学报，2009.9：64-68.

[9] 马培建，崔曙光，梅蕾 . 古城保护与城市交通优化协调发展研究—以古城西安为例 [J]. 水利与建筑工程学报，2008.6：77-80.

[10] 张航 . 基于低碳理念的城市交通发展模式研究 [D]. 武汉：武汉理工大学，2011.

[11] 管红毅 . 城市自行车交通系统研究 [D]. 成都：西南交通大学 2004.

[12] 刘翠莲，梅柠 . 城市公共交通的绿色低碳研究 [J]. 特区经济，2012.10：290-292.

[13] 东南大学教育部智能运输系统工程研究中心译．可持续发展的交通：发展中城市政策制定者资料手册 [M]．北京：人民交通出版社，2005.

[14] 梁立东 . 城市旧城中心区交拥堵治理策略研究 [J]. 规划师，2009，10：49-55.

[15] 周乐，张国华，戴继锋，王金秋 . 苏州古城交通分析及改善策略 [J]. 城市交通，2006.7：41-45.

[16] 师桂兰，邓建华 . 苏州市古城区交通拥堵成因分析及治理策略 [J]. 交通科技与

经济，2012，4：107-109.

[17] 黄健中．特大城市用地发展与客运交通模式 [M]. 北京：中国建筑工业出版社，2006.4.

[18] 葛宏伟，陈学武，王炜，石飞．城市老城区公共交通发展策略和模式研究——以苏州市古城区为例 [J]. 交通运输工程与信息学报，2003，12：97-102.

[19] 万军，张航．城市步行与自行车交通发展模式研究 [J]. 西部交通科技，2010：36-37.

[20] 高世明，王亮．城市新区步行与自行车交通系统的营造——以铁岭市凡河新区为例 [J]. 城市交通，2008，11（5）：28-32.

[21] 杨劲松．基于北京朝阜路的我国历史街区旅游业发展探析 [J]. 城市发展研究，2012，8：49-53.

[22] 王维胜．平遥古城旅游景区交通现状及对策研究 [J]. 忻州师范学院学报，2011，4：52-54.

[23] Kenneth C Orski. TDM trend in United States[J]. I-ATSS Research.1998，22（1）：25 ~ 32.

[24] Transport Department. A Fair Way to Go[M]. Hong Kong Government，1984.

[25] Bernhard Schlag，Jens Schade. Public acceptability of traffic demand management in Europe[J]. Traffic Engineering Control，Sept.2000，41（8）：314-318.

[26] Uetakaya，K. Okamoto，H. Kawabata，T.Advanced Traffic Control and Management System in Tokyo[J]. Road Traffic Monitoring，1992（IEE Conf.Pub. 355）.

[27] R. G. Clegg，A. J. Clune. MUSIC Project：Urban Traffic Control for Traffic Demand Management[J]. Transportation Research Record，1682/1999：55-61.

[28] Foo Tuan Seik. An effective demand management instrument in urban transport：the Area Licensing Scheme in Singapore[J]. Cities，199714（3）：155-164.

[29] 刘阳，陈春妹．什刹海地区交通整治规划方案．北京市城市规划设计研究院研究报告，2006.

[30] 张晓东，李爽．关于综合解决北京停车问题规划研究总报告．北京市城市规划设计研究院研究院，2012.

[31] 徐东云．城市交通拥堵治理模式理论的新进展 [J]. 综合运输，2007.5：5-8.

[32] 陆明光、周瑾 . 精细化交通 - 助力宁波文明城市创建 [J]. 道路交通管理 .2012.1：10-11.

[33] 段里仁、毛力增 . 从交通文化角度看新加坡精细化交通的启示 [J]. 综合运输 .2011.11：74-78.

[34] 肖飞，黄洁 . 宜居城目标下的交通宁静化实施策略 [C]. 南京：城市发展与规划大会会议论文，2011.

[35] 郑晓俊 . 新加坡以人为本的高品质公共交通体系剖析 [J]. 综合运输，2012.8：35-38.